Bodo Rehfeldt

Fachbezogene Mathematik
für den Beruf

Gestalter/Gestalterin
für visuelles Marketing

Verlag Books on Demand

Das Lösungsheft zu diesem Lehrbuch ist unter der
ISBN 9 783842 332546
erhältlich.

© 2010
Herstellung und Verlag:
Books on Demand GmbH, Norderstedt

ISBN 9 783839 172049

Vorwort

Marketing sind markt- und unternehmensbezogene Maßnahmen, mit denen Zielgruppen angesprochen und informiert werden sollen, um sie zum Kauf eines Produktes oder zur Inanspruchnahme einer Dienstleistung zu motivieren bzw. sie für eine Idee zu gewinnen. Marketing ist also ein zielorientiertes Informieren, Erinnern, Werben, Motivieren.

Dieses veränderte Tätigkeitsfeld der früheren Werbung führte 2004 zur Schaffung des Ausbildungsberufes „Gestalter/Gestalterin für visuelles Marketing".

Die einzelnen Lernfelder des Rahmenlehrplanes, die daraus resultierenden umfangreichen Tätigkeitsgebiete und die Auswertung der bisherigen IHK-Prüfungen waren die Grundlage für die Erarbeitung dieses Buches.

Ob es um die Entwicklung oder Realisierung visueller Gestaltungskonzepte geht, ob Waren präsentiert oder Ausstellungen gestaltet werden, ob es um eine preisgünstige Beschaffung von Werkstoffen und Dekorationselementen geht oder um eine wirtschaftliche Selbstherstellung von Werbemitteln, - überall spielen Zahlen eine wichtige Rolle, wird gerechnet und kalkuliert.

Gestalter/Gestalterinnen für visuelles Marketing sollen ihr kreatives Talent ausleben, mit den verschiedensten Materialien, mit Farben, mit Licht, mit allen zur Verfügung stehenden Medien experimentieren, - sie sollen künstlerisch tätig sein. Doch die tollsten Ideen müssen sich auch verwirklichen lassen. Was auch getan wird, immer wird dabei gerechnet, das Budget ist zu berücksichtigen oder Materialien sind wirtschaftlich einzusetzen.

W. Malcher, Geschäftsführer im Hauptverband des deutschen Einzelhandels (HDE) hat gesagt: „Dazu braucht der Gestalter vor allem Kreativität und Überzeugungskraft, aber man darf auch nicht die kaufmännische Seite vergessen, denn gute Ideen müssen umsetzbar und bezahlbar sein".

Unter Berücksichtigung dieses Aspektes wurden die Aufgaben in diesem Buch zusammengestellt. Wegen der unterschiedlichen mathematischen Vorkenntnisse der Auszubildenden wurden zunächst die Grundrechenarten sowie grundlegende Rechenverfahren wiederholt. Den Schwerpunkt bilden allerdings die fachbezogenen Berechnungen zu allen Bereichen, die in der Berufspraxis vorkommen.

Kurzen Erläuterungen und einigen Beispielaufgaben, mit den dazu entsprechenden Lösungen, folgen zahlreiche Aufgaben mit unterschiedlichen Schwierigkeitsgraden zum Lernen, Üben, Wiederholen und Festigen des Lehrstoffs.

Calau, August 2010   B. Rehfeldt

Inhaltsverzeichnis

1.   **Mathematische Grundlagen** 7

   1.1.   Zahlen, Ziffern und mathematische Zeichen 7

     1.1.1. Zahlen und Ziffern..7

     1.1.2. Mathematische Zeichen 8

   1.2.   Grundrechenarten..8

     1.2.1. Addition 8

     1.2.2. Subtraktion..10

     1.2.3. Multiplikation 11

     1.2.4. Division...13

   1.3.   Bruchrechnen...15

   1.4.   Potenzieren und Radizieren 19

2.   **Maßeinheiten und ihre Umrechnung** 21

3.   **Benutzen des Taschenrechners** 26

4.   **Dreisatzrechnen** 30

   4.1.   Einfacher Dreisatz..30

   4.2.   Zusammengesetzter Dreisatz 33

5.   **Prozentrechnen** 37

   5.1.   Berechnen des Prozentwertes 38

   5.2.   Berechnen des Prozentsatzes 40

   5.3.   Berechnen des Grundwertes 43

6.   **Zinsrechnung** 45

   6.1.   Berechnen der Zinslaufzeit 46

   6.2.   Berechnen der Zinsen 48

   6.3.   Berechnen des Kapitals, des Zinssatzes und der Zeit 49

7.   **Mischungsrechnen** 52

8.   **Verteilungsrechnen** 55

9.   **Anzeigenpreisberechnung** 58

10.   **Rechnen mit Maßstäben** 63

11.   **Nutzenberechnung** 65

12.   **Goldener Schnitt** 68

13.   **Reproduktionsberechnung** 72

14.	**Flächen**	77
14.1.	Rechteck	77
14.2.	Quadrat	82
14.3.	Parallelogramm	85
14.4.	Rhombus	88
14.5.	Trapez	90
14.6.	Dreieck	93
14.7.	Kreis	99
14.8.	Kreisring, -abschnitt, -ausschnitt	102
14.9.	Ellipse	104
14.10.	Regelmäßige Vielecke und zusammengesetzte Flächen	107
15.	**Körper**	111
15.1.	Quader	111
15.2.	Würfel	114
15.3.	Prisma	117
15.4.	Zylinder	120
15.5.	Pyramide	122
15.6.	Pyramidenstumpf	124
15.7.	Kegel	126
15.8.	Kegelstumpf	128
15.9.	Kugel	130
16.	**Zeichnerische Darstellung von Räumen und Körpern**	132
16.1.	Parallelprojektion	132
16.1.1.	Kavalierperspektive	133
16.1.2.	Dimetrische Projektion	133
16.1.3.	Isometrische Projektion	134
16.2.	Zentralprojektion	134
16.3.	Dreitafelprojektion	135
17.	**Material für Wandverkleidung**	137
17.1.	Tapeten als Wandbekleidung	137
17.2.	Klebstoffverbrauch beim Tapezieren	141
17.3.	Textile Stoff als Wandbespannung	143
18.	**Elektrische Energie**	146
18.1.	Elektrische Leistung und Stromkosten	146
18.2.	Schaufensterbeleuchtung	148
19.	**Kalkulation**	151
19.1.	Bezugskalkulation	151
19.2.	Zuschlagskalkulation	155

1. Mathematische Grundlagen

1.1. Zahlen, Ziffern und mathematische Zeichen

1.1.1. Zahlen und Ziffern

Zahlen sind im mathematischen Sinn das Ausdrucksmittel, mit dem Mengen erfasst werden, d.h., mit denen gezählt wird. Die Darstellung einer Zahl erfolgt mit Ziffern. So zählen z.B. Kleinkinder schon Gegenstände, ohne dass sie das geschriebene Zeichen dafür kennen, sie erfassen die Menge als Zahl. Die Preisauszeichnung auf Warenschildern z.B., die ein Gestalter für visuelles Marketing vorzunehmen hat, sind dagegen Ziffern.

In Deutschland ist der Gebrauch der arabischen Ziffern üblich. Bei dem vorwiegend in der Praxis benutzten Dezimalsystem sind es die 10 Ziffern 0, 1, 2, 3, 4, 5, 6, 7, 8 und 9. Im Gegensatz zu den noch existierenden römischen Ziffern, die wir unter anderem als Jahreszahlen an älteren Gebäuden kennen, sind die arabischen Ziffern besser und schneller lesbar und darzustellen. Die Ausführung von Berechnungen wird somit überschaubarer und vor allen Dingen auch leichter. Römische Ziffern werden heute nur noch mit spezieller gestalterischer Absicht eingesetzt (z.B. Kapitelnummerierungen bei Büchern, als Ziffern bei Uhren u.ä.).

Bei den Berechnungen, die in der Berufspraxis eines Gestalters/einer Gestalterin für visuelles Marketing durchgeführt werden, kommen folgende Zahlentypen vor:

- **Natürliche Zahlen,**
  die auch ganze Zahlen heißen, wie z.B. 1; 2; 7; 15; 146

- **Gerade Zahlen**
  sind natürliche Zahlen, die durch 2 teilbar sind, wie z.B. 2; 4; 6; 14; 110

- **Ungerade Zahlen**
  sind dagegen die natürlichen Zahlen, die nicht durch 2 teilbar sind, wie z.B. 1; 3; 5; 17; 99; 211

- **Bruchzahlen**
  sind keine natürlichen Zahlen, weil sie den Teil einer ganzen Zahl, Einheit oder Größe ausdrücken. Bruchzahlen unterscheiden wir wiederum in

  - Dezimalbrüche
  - Echte Brüche
  - Unechte Brüche
  - Gemischte Zahlen

1.1.2. Mathematische Zeichen

Damit eine Berechnung überhaupt ausgeführt werden kann, muss bekannt sein, wie und was gerechnet werden soll. Die Symbole, die dieses ausdrücken, die also die vorzunehmende Rechenoperation vorgeben, sind weitestgehend international vereinheitlicht und in Deutschland mit einer DIN festgeschrieben.

Auch hier sollen folgend die in den berufsspezifischen Berechnungen vorkommenden Zeichen aufgeführt werden:

Zeichen	Aussprache	Zeichen	Aussprache
$=$	ist, gleich, ist gleich	$....^2$	hoch 2, Quadrat
$\neq$	ungleich	$....^3$	hoch 3, Kubik
$\approx$	annähernd, rund	$\sqrt{}$	Quadratwurzel aus …
$<$	kleiner als	( )	runde Klammern
$>$	größer als	[ ]	eckige Klammern
$+$	plus, und	%	Prozent
-	minus, weniger	$^0/_{00}$	Promille
• oder x	mal	$....^\circ$	Grad (bei Winkelangaben)
: oder /	durch, geteilt durch	π	Pi (3,142592654… $\approx$ 3,14)

1.2.   Grundrechenarten

Die 4 Grundrechenarten der Mathematik sind Addition, Subtraktion, Multiplikation und Division. Sie sind die Grundlage für alle mathematischen Berechnungen im Rahmen des Berufes visuelles Marketing.

1.2.1 Addition

Bei der Addition (dem Zusammenzählen) werden zwei oder mehrere Zahlen durch das Rechenzeichen „+" (gesprochen: plus) verbunden.

Die Bezeichnung der einzelnen Zahlen:

$$\textbf{Summand} \; + \; \textbf{Summand} \; = \; \textbf{Summe}$$

$$\textbf{15} \quad + \quad \textbf{8} \quad = \quad \textbf{23}$$

Merke:

- Ganze Zahlen und Dezimalzahlen werden addiert, indem die Ziffern mit den gleichen Stellenwerten untereinander geschrieben und addiert werden (Faustregel: Komma unter Komma)

- Grundsätzlich können nur Zahlen mit gleichen Benennungen (z.B. €, kg, m²) addiert werden.

- Summanden können in ihrer Reihenfolge beliebig vertauscht werden. Das Ergebnis ändert sich nicht.

Übungsaufgaben:

1. $35 + 24 + 215 + 1.210$

2. $67 + 102,5 + 211 + 613,75$

3. $5,7$ kg $+ 7,380$ kg $+ 13,5$ kg $+ 22,185$ kg $+ 7$ kg

4. 5 m² $+ 65,7$ m² $+ 0,85$ m² $+ 17,15$ m² $+ 49,94$ m²

5. $43,76$ € $+ 1.430,35$ € $+ 128,12$ € $+ 9,20$ €

6. Zur Herstellung eines speziellen Farbtones werden folgende Farben gemischt: 5,3 l blaue Farbe; 3,55 l gelbe und 1,5 l weiße Farbe.
   Wie viel l erhalten Sie bei dieser Mischung?

7. Bei einer Inventur im Materiallager erfassen Sie   8,2 m²,   17,6 m², 6,83 m², 15,75 m² und 112 m² Hartfaserplatten.
   Wie viel m² dieser Platten haben Sie noch vorrätig?

8. Der Firmen-Pkw ist zur Inspektion. Sie werden gebeten, gegen Bezahlung mit dem eigenen Wagen zu den Einsatzorten zu fahren. In der letzten Woche waren es am Montag 38,7 km, Dienstag 38,7 km, Mittwoch 4,8 km, Donnerstag 114,3 km, Freitag 0,9 km.
   Wie viel km können Sie für diese Woche abrechnen?

9. Eine Gestalterin für visuelles Marketing kann über einen bestimmten Zeitraum folgende Beträge auf dem Sparkonto einzahlen: 230,- €, 177,55 €, 94,75 €, 1.237,24 €, 31,06 € und 542,- €.
   Wie viel € hat die Gestalterin insgesamt gespart?

1.2.2. Subtraktion

Beim Subtrahieren (dem Abziehen) werden zwei oder mehrere Zahlen durch das Rechenzeichen „-" (gesprochen: minus) verbunden und voneinander abgezogen. Somit wird zwischen diesen Zahlen die Differenz ermittelt.

Die Bezeichnung der einzelnen Zahlen:

$$\textbf{Minuend} \quad - \quad \textbf{Subtrahend} \quad = \quad \textbf{Differenz}$$
$$25 \quad - \quad 8 \quad = \quad 17$$

Merke:

- Die Subtraktion ist die Umkehrung der Addition. Deshalb gilt auch hier: Es können nur Zahlen mit gleichen Benennungen (z.B. €, kg, m²) subtrahiert werden.

- Bei der Subtraktion sind Minuend und Subtrahend nicht tauschbar.

Übungsaufgaben:

1. $987 - 394$

2. $138,5 - 4,7$

3. $376,03 - 7,889$

4. Sie wollen mit einem Auto zu einem Einsatzort fahren. Im Kfz-Brief steht: Leergewicht 1.350 kg; zulässiges Gesamtgewicht 1,8 t. Sie (75 kg) nehmen noch eine Kollegin (55 kg) und in der Werkstatt gefertigte Dekorationselemente im Gesamtgewicht von 204 kg mit. Der gefüllte Tank wiegt 42 kg. Sie müssen allerdings auch noch Werkzeuge und weitere Deko-Materialien mitnehmen.
   Ermitteln Sie, wie viel davon höchstens noch zugeladen werden kann!

5. Ein Gestalter/eine Gestalterin für visuelles Marketing bezieht einen monatlichen Bruttolohn von 1.984,50 €. Folgende Abzüge werden einbehalten: 137,26 € Krankenversicherung, 16,74 € Pflegeversicherung, 109,20 € Lohnsteuer, 198,98 € Rentenversicherung, 63,98 € Arbeitslosenversicherung und 5,56 € Solidaritätszuschlag.
   Wie viel € erhält der Gestalter/die Gestalterin am Monatsende ausgezahlt?

6. Am Lager ist noch ein Gebinde mit 14 Liter Kleister. Am ersten Tag werden 3,5 l verbraucht, am zweiten Tag 2,55 l, am dritten Tag 4,6 l.
   Wie viel Liter bleiben noch für den vierten Tag?

1.2.3. Multiplikation

Beim Multiplizieren (dem Malnehmen) werden zwei oder mehrere Zahlen durch das Rechenzeichen „·" (gesprochen: mal) verbunden. Das bedeutet, dass diese Zahlen malgenommen werden und das Produkt bilden.

Die Bezeichnung der einzelnen Zahlen:

$$\textbf{Faktor} \quad \cdot \quad \textbf{Faktor} \quad = \quad \textbf{Produkt}$$
$$15 \quad \cdot \quad 7 \quad = \quad 105$$

Gelegentlich wird der erste Faktor auch als Multiplikand und der zweite als Multiplikator bezeichnet.

Merke:

- Die Faktoren können in ihrer Reihenfolge beliebig vertauscht werden. Das Ergebnis ändert sich nicht.

- Haben die Faktoren ungleiche Vorzeichen, ist das Produkt negativ. Sind die Vorzeichen gleich, ist es positiv.

- Das Produkt ist positiv, wenn die Anzahl der negativen Vorzeichen eine gerade Zahl ergibt.

- Bei der Multiplikation von Dezimalzahlen werden beim Produkt die Kommastellen nach links abgestrichen, die die Faktoren insgesamt haben.

- Werden Größen miteinander multipliziert, ist das Produkt die gleiche Größe mit der entsprechenden Hochzahl (Exponent). z.B.: $m \cdot m = m^2$ oder $m \cdot m \cdot m = m^3$

- Kommen in einer Aufgabe neben der Multiplikation auch Addition oder Subtraktion vor, gilt die Regel: Punktrechnen geht vor Strichrechnen.

- Bei der Multiplikation mit der Zahl 0 ist das Produkt immer Null.

Übungsaufgaben:

1. $79 \cdot 3 \cdot 12$

2. $6,03 \cdot 7,2$

3. $(-12) \cdot (-17,3)$

4. 19,3 • (- 0,5)

5. 6 • 7 + 8 • 3 – 17

6. 3,55 m • 2,20 m

7. Multiplizieren Sie die Summe der Zahlen 26,75 und 36,33 mit der Differenz der Zahlen 51,2 und 47,8.

8. Für die Ausgestaltung eines Strand- und Seefestes wurden 6 Schiffsattrappen in der Werkstat gefertigt. Jede wiegt 75,5 kg.
Welches Gesamtgewicht muss für den Transport eingeplant werden?

9. Der m²-Preis für schwer entflammbaren Dekorationsstoff ist 4,29 €.
Wie viel € werden dem Kunden für 22,5 m² in Rechnung gestellt?

10. Für die Gestaltung von Obst- und Gemüseabteilungen einer Handelskette werden Attrappen beim Deko-Handel bestellt. 75 Orangen zu je 1,60 €, 50 Zitronen zu je 1,20 €, 18 Ananas zu je 3,70 €, 70 Kiwis zu je 1,20 €, 20 Bund Bananen zu je 6,70 € und 36 Weintrauben zu je 6,80 €.
Wie viel kostet die gesamte Bestellung?

11. Der Stundenlohn eines Gestalters für visuelles Marketing beträgt 10,25 €.
Wie hoch ist der Wochen-Bruttolohn bei 38,5 Std. Arbeitszeit?

12. Für das Bespannen eines Laufstegs zur Modenschau werden 50 lfd. Meter Samtstoff benötigt. Es liegen 2 Angebote vor.
Berechnen Sie die Endbeträge beider Lieferanten einschließlich Mehrwertsteuer.
Angebot A: Baumwollsamt zu je 15,29 €/m²
Angebot B: Stretchsamt zu je 12,99 €/m²

13. Der Leiter der Marketingabteilung hat für eine Werbeaktion Hilfskräfte eingesetzt und muss diesen nun den Lohn auszahlen. Da er nur noch 215,83 € in der Barkasse hat, holt er 1.000,- € von der Bank. Die erste Hilfskraft hat 42 h gearbeitet und bekommt dafür je h 10,70 €. Bei der zweiten sind es 34 h zu je 11,30 € und für die dritte 27 h zu je 11,90 €.
Wie viel Geld ist nach der Auszahlung noch in der Kasse?

14. Für die Anfertigung mehrerer Spannrahmen für die Wandverkleidung mit Stoff werden 16 Holzlatten zu je 3,90 m Länge, 32 Holzlatten zu je 2,80 m Länge und 32 Holzlatten zu je 1,90 m Länge gebraucht.
   a. Wie viel Meter Holzlatten sind das insgesamt?
   b. Wie viel kosten diese Latten, wenn der Preis 25 Cent für 1 m beträgt?

1.2.4. Division

Die Division ist die Umkehrung der Multiplikation.

Beim Dividieren (dem Teilen) werden zwei Zahlen durch das Rechenzeichen „:" (gesprochen: geteilt durch) verbunden.

Die Bezeichnung der einzelnen Zahlen:

Dividend	:	**Divisor**	=	**Quotient**
96	:	8	=	12

Merke:

- Dividend und Divisor können **nicht** vertauscht werden.

- Haben die zu teilenden Zahlen ungleiche Vorzeichen, ist der Quotient negativ. Sind die Vorzeichen gleich, ist es positiv.

- Ist der Dividend kein ganzzahliges Vielfaches des Divisors, so bleibt beim Teilen ein „Rest" übrig. Der wird gelegentlich auch als solches angegeben. Meist erscheint er jedoch in Form von Nachkommastellen.

- Beim schriftlichen Dividieren werden die beiden Zahlen so erweitert, dass der Divisor kommafrei ist.

- Kommen in einer Aufgabe neben der Division auch Addition oder Subtraktion vor, gilt die Regel: Punktrechnen geht vor Strichrechnen.

- Eine Division durch die Zahl 0 ist nicht möglich, es ergibt kein Ergebnis.

Übungsaufgaben:

1. 3.658 : 21

2. 742,15 : 22,7

3. (- 376) : (- 16)

4. 18,9 : (- 9)

5. 16 + 42 : 3 • 4 − 3 • 5 + 63 : 9 − 11

6. 1.058,66 € : 86

7. 6,88 € : 1,60 kg

8. $15,66 \text{ m}^2 : 2,70 \text{ m}$

9.   Dividieren Sie die Summe der Zahlen 74,26 und 66,62 mit der Differenz der Zahlen 47,2 und 23,2.

10.   16 Stück 10-m-Rollen Metallfolie kosten 204,64 €.
Wie viel kostet eine Rolle?

11.   Eine 2,40-m-Rechteckleiste wird in 35 cm lange Abschnitte zersägt.
Wie viel Abschnitte und wie viel cm Rest erhält man?

12.   Auf einem vorrätigen Ballen Dekorationsstoff (1,40 m breit) befinden sich noch 41,20 m. Daraus sollen für eine Bespannung von 3 Schaufenster-rückwänden je Fenster 4 Bahnen mit einer Länge von 3,60 m geschnitten werden.
Reicht der vorrätige Stoff? Wie viel bleibt übrig bzw. fehlt?

13.   Der Stundenlohn eines Gestalters für visuelles Marketing beträgt 10,25 €.
Wie hoch ist der Wochen-Bruttolohn bei 38,5 Std. Arbeitszeit?

14.   Das Dienstfahrzeug hat einen Tank mit einem Fassungsvermögen von 57 Liter. 4 Liter waren bei der letzten Betankung noch im Tank.
Wie teuer war an diesem Tag 1 Liter Benzin, wenn das volle Betanken 77,91 € kostete?

15.   Auf einem Ballen Stoff befinden sich 50 lfd. Meter. 2,30 m werden für das Nähen einer Fahne benötigt.
      a.   Wie viel Fahnen können aus einem Ballen genäht werden?
      b.   Wie viel Meter Stoff bleibt noch übrig?

16.   Die elektronischen Medien Fernsehen und Rundfunk sind wichtige und interessante Werbeträger für ein modernes Marketingkonzept, sie haben eine hohe Reichweite und erreichen viele Menschen. Das hat aber auch seinen Preis. Bei der Fernsehstation XYZ kostet z.B. die Werbesekunde 580,- €. Dafür werden aber auch durchschnittlich 1.200.000 Menschen er-reicht (Stand 2005).
Wie viel Kosten werden bei einem einminütigen Fernsehspot pro Empfän-ger der Werbebotschaft eingeplant?

17.   Schaufensterwerbung ist für den Einzelhandel die günstigste Möglichkeit, die wichtigen Marketingfaktoren Werben und Verkaufen zu vereinen. Al-lerdings sollte deshalb auch bei einem Schaufenster in belebter Stadtstraße die Dekoration aller 2,5 Wochen geändert werden.
Wie viel neue Schaufensterauslagen sind das rund im Jahr?

1.3.   Bruchrechnen

Im Alltag, wie auch in der beruflichen Tätigkeit, hat man nicht nur mit „ganzen" Dingen zu tun. Der Weg zur Arbeit beträgt z.B. eine dreiviertel Stunde, dort verarbeitet man zweieinhalb MDF-Platten zu einem viertel Meter großen Dekorationselement.

Teilstücke, Bruchteile, Reststücke sind also Dinge, die uns überall begegnen. Ein Bruch ist ein Teil eines Ganzen und berechnet wird dieser Anteil mit der Bruchrechnung.

Die Mathematik kennt zwei verschiedene Arten, einen Bruch darzustellen. Da gibt es zum einen die Schreibweise als Kommazahl, die sogenannte **Dezimalzahl** und zum anderen die Darstellung als **gemeiner Bruch**. Ein gemeiner Bruch besteht aus 3 Teilen, dem **Zähler** (der Zahl oben), dem **Nenner** (der Zahl unter) und dazwischen dem **Bruchstrich**.

Merke:

- Dezimalbrüche
  geben die Teilwerte als Nachkommaziffer(n) an,
  wie z.B. 0,2; 1,45; 20,375
- Gemeine Brüche
  werden nach folgenden Arten bzw. Begriffen unterschieden:
- Echte Brüche
  sind Brüche, bei denen der Zähler kleiner ist als der Nenner,
  wie z.B. $\frac{1}{4}$; $\frac{1}{2}$; $\frac{3}{4}$; $\frac{5}{11}$; $\frac{13}{55}$
- Unechte Brüche
  dagegen haben einen größeren Zähler als Nenner,
  wie z.B. $\frac{9}{4}$; $\frac{11}{2}$; $\frac{12}{7}$; $\frac{29}{14}$
  Unechte Brüche lassen sich in gemischte Zahlen umwanden.
- Gemischte Zahlen
  setzen sich aus ganzer Zahl und echtem Bruch zusammen.
  Die Beispiele der unechten Brüche lauten als gemischte Zahl:
  $2\frac{1}{4}$; $5\frac{1}{2}$; $1\frac{5}{7}$; $2\frac{1}{14}$
- Gleichnamige Brüche
  haben alle den gleichen Nenner, wie z.B. $\frac{1}{7}$; $\frac{3}{7}$; $\frac{6}{7}$
  Eine Gleichnamigkeit ist Bedingung für die Addition und Subtraktion.
- Ungleichnamige Brüche
  besitzen unterschiedliche Nenner, wie z.B. $\frac{3}{5}$; $\frac{5}{8}$; $\frac{1}{11}$

Rechenregeln:

I. **Erweitern**

heißt, Zähler und Nenner werden mit der gleichen Zahl multipliziert. Der Wert des Bruches bleibt trotzdem erhalten.
(Beispiel: $\frac{2}{5}$ mit 3 erweitern = $\frac{6}{15}$)

II. **Kürzen**

heißt, Zähler und Nenner werden mit der größten gemeinsamen Zahl dividiert. Der Wert des Bruches bleibt trotzdem erhalten.
(Beispiel: $\frac{24}{32}$; größte gemeinsame Zahl, mit der Zähler und Nenner geteilt werden kann, ist $8 = \frac{3}{4}$)

III. **Addition und Subtraktion**

setzen voraus, dass die Brüche gleichnamig sind, sie müssen den gleichen Nenner haben. Dann werden die Zähler addiert bzw. subtrahiert, während der Nenner unverändert bleibt.
(Beispiele: $\frac{1}{7} + \frac{3}{7} = \frac{4}{7}$
$\frac{2}{3} + \frac{3}{5} = \frac{10}{15} + \frac{6}{15} = \frac{16}{15} = 1\frac{1}{15}$)

IV. **Multiplikation**

von Brüchen heißt, Zähler mit Zähler und Nenner mit Nenner werden multipliziert. Gemischte Zahlen werden gegebenenfalls erst in unechte Brüche umgewandelt.
(Beispiel: $\frac{5}{6} \cdot 1\frac{1}{3} = \frac{5}{6} \cdot \frac{4}{3} = \frac{20}{18} = 1\frac{2}{18} = 1\frac{1}{9}$)

V. **Division**

ist die Umkehroperation der Multiplikation. Das bedeutet, beim Dividieren von Brüchen wird vom zweiten Bruch (Divisor) der Kehrwert gebildet, danach wird mit diesem Kehrwert multipliziert. Es gelten die Regeln der Multiplikation.
(Beispiel: $\frac{5}{6} : \frac{3}{7} = \frac{5}{6} \cdot \frac{7}{3} = \frac{35}{18} = 1\frac{17}{18}$)

VI. **Umwandeln von gemeinen Brüchen in Dezimalbrüchen**

erfolgt, indem der Bruchstrich durch ein Divisionszeichen ersetzt wird, d.h., der Zähler wird durch den Nenner dividiert.
(Beispiel: $\frac{3}{5} = 3 : 5 = 0{,}6$)

Übungsaufgaben:

1. Kürzen Sie folgende Brüche so weit wie möglich:

    a. $^{33}/_{66}$

    b. $^{24}/_{32}$

    c. $^{19}/_{38}$

    d. $^{45}/_{225}$

    e. $^{275}/_{550}$

    f. $^{336}/_{560}$

2. Erweitern Sie folgende Brüche:

    a. $^{3}/_{7}$ mit 5

    b. $^{3}/_{5}$ mit 12

    c. $^{1}/_{7}$ mit 8

    d. $^{9}/_{25}$ mit 3

    e. $^{11}/_{12}$ mit 7

    f. $^{14}/_{25}$ mit 4

3. Erweitern Sie die Brüche so, dass sie alle den Nenner 24 haben und damit gleichnamig sind:

    a. $^{1}/_{2}$

    b. $^{3}/_{4}$

    c. $^{2}/_{3}$

    d. $^{5}/_{6}$

    e. $^{5}/_{8}$

    f. $^{1}/_{12}$

4. Lösen Sie folgende Additions- und Subtraktionsaufgaben:

    a. $^{3}/_{4} + ^{1}/_{3}$

    b. $^{3}/_{8} + ^{2}/_{3} + ^{5}/_{6}$

    c. $^{1}/_{4} - ^{1}/_{6}$

    d. $2\,^{1}/_{2} - 1\,^{3}/_{4}$

    e. $^{1}/_{2} + ^{2}/_{3} - ^{5}/_{6}$

    f. $^{11}/_{12} - ^{1}/_{3} - ^{1}/_{4}$

5. Für einen Auftrag werden Tischlerplatten benötigt. Es befinden sich noch folgende Reststücke im Lager: $^{1}/_{2}$ m²; $^{1}/_{3}$ m²; $^{3}/_{4}$ m² und $^{3}/_{8}$ m².
    Wie viel m² sind insgesamt noch vorhanden?

6. Auf einem Stoffballen befinden sich 3 $^{1}/_{2}$ lfd. Meter Stoff. Nacheinander werden davon verbraucht: 1 $^{3}/_{4}$ m und $^{5}/_{6}$ m.
    Wie viel m sind noch übrig?

7. Ein Mitarbeiter hat in dieser Woche täglich Überstunden leisten müssen. Es kamen zusammen: 1 $^{1}/_{2}$ h, $^{3}/_{4}$ h, 2 $^{1}/_{4}$ h, $^{3}/_{4}$ h und 1 $^{1}/_{4}$ h.
    Wie viel Überstunden waren das in dieser Woche?

8. Multiplizieren bzw. dividieren Sie die Brüche:

a. $^1/_2 \cdot {}^2/_3$ d. $1\,{}^2/_3 : 1\,{}^1/_2$

b. $1\,{}^1/_3 \cdot {}^5/_6$ e. $^2/_3 \cdot {}^4/_5 : {}^1/_4$

c. $^4/_5 : {}^3/_5$ f. $2\,{}^1/_6 : 2\,{}^1/_6$

9. In der Marketingabteilung eines Kaufhaus-Centers sind 24 Personen beschäftigt. Davon sind $^2/_3$ Frauen, $^7/_{12}$ kommen täglich von auswärts und $^1/_8$ sind Auszubildende.
   a. Wie viel Frauen und wie viel Männer arbeiten in der Abteilung?
   b. Wie viel Mitarbeiter wohnen nicht am Arbeitsort?
   c. Wie viel Azubis lernen in der Marketingabteilung?

10. Für das Anfertigen von Dekorationselementen haben Sie $2\,{}^1/_4$ h Zeit. Wie viel h sind vergangen, wenn $^1/_3$ der Zeit vorüber ist?

11. Eine $2\,{}^4/_5$ m lange Holzleiste ist in 4 gleich große Stücke zu zersägen. Wie lang wird jedes Stück?

12. In der Marketingabteilung eines Discounts werden 36 Azubis ausgebildet. Davon sind $^5/_{12}$ im 1.Lehrjahr, $^2/_9$ sind im 2.Lahrjahr und die Restlichen lernen im 3.Jahr. Wie viel Azubis gehören zu den einzelnen Lehrjahren?

13. Ein Gestalter für visuelles Marketing benötigt für einen Dekorationsauftrag 11 Leisten zu je $^1/_4$ m Länge. Im Lager befinden sich aber nur Stäbe von 1 m Länge. Wie viel Stäbe zu 1 m Länge werden verarbeitet?

14. Die Deko-Werkstatt eines Kaufhauses stellt für die Frühjahrsdekoration Blumen aus Draht und Seidenpapier her. Am ersten Tag schafft sie $^1/_4$ der benötigten Stückzahl. Am Folgetag sind es $^4/_{15}$.
    a. An welchem Tag wurden mehr Blüten hergestellt?
    b. Welcher Bruchteil der benötigten Blüten muss noch angefertigt werden?

15. Am Lager befinden sich noch 2 Gebinde mit je $7\,{}^1/_2$ l Innenwandfarbe. Für einen größeren bevorstehenden Auftrag wird ein weiterer Eimer gekauft, der hat aber $12\,{}^1/_2$ l Inhalt. Verbraucht werden später bei der Ausführung des Auftrages $20\,{}^3/_4$ l. Wie viel Farbe ist noch übrig?

1.4. Potenzieren und Radizieren

1.4.1. Potenzieren

ist die verkürzte Form des Multiplizierens von gleichen Faktoren. In der Berufspraktik des Gestalters/der Gestalterin für visuelles Marketing kommt das Potenzieren hauptsächlich in geometrischen Aufgaben vor, bei der Berechnung von Flächen- und Rauminhalten.

Beispiel: Ein Quadrat hat eine Seitenlänge von 5 cm.
Wie groß ist der Flächeninhalt?

$$a \cdot a = a^2$$

Also: 5 cm $\cdot$ 5 cm $= 5^2$ cm^2 $= \underline{\underline{25 \text{ cm}^2}}$

Der Flächeninhalt des Quadrates beträgt 25 cm^2.

Übungsaufgaben:

1.   Lösen Sie folgende Aufgaben:

a. $3 \cdot 3 \cdot 3$

b. 12^2

c. $1,7 \cdot 1,7$

d. $4,2^3$

e. 8^4

f.   dm $\cdot$ dm $\cdot$ dm

g. $(3,5 \text{ cm})^2$

h. $\left(\dfrac{3}{7}\right)^2$

2.   Wie groß ist der Flächeninhalt eines quadratischen Tisches, der eine Kantenlänge von 1,25 m hat?

3.   Auf einem Festplatz muss vor seiner Benutzung erst noch einmal der Rasen gemäht werden. Er ist 75 m lang und 75 m breit.
Wie groß ist die zu mähende Fläche?

1.4.2. Radizieren

ist die Umkehrung des Potenzierens, es wird Wurzelziehen genannt. Bei der Berufsausübung kommt hauptsächlich das Errechnen der Quadrat- und Kubikwurzel vor.

Merke: Das Wurzelzeichen hat Klammerbedeutung. Es müssen vor dem Radizieren erst die Berechnungen unter dem Wurzelzeichen ausgeführt werden.

(Wir führen diese Rechnung mit dem Taschenrechner aus.)

Beispiele:
$$\sqrt{36} = \sqrt{6^2} \quad = 6$$
$$\sqrt[3]{64} = \sqrt[3]{4^3} \quad = 4$$
$$\sqrt{2,25} \quad = 1,5$$
$$\sqrt{9+16} = \sqrt{25} = 5$$

Übungsaufgaben:

1. Ziehen Sie die Wurzeln:

   a. $\sqrt{81}$

   b. $\sqrt[3]{343}$

   c. $\sqrt{5,0625}$

   d. $\sqrt[3]{10,648}$

   e. $\sqrt{7,84\,m^2}$

   f. $\sqrt{506,25} : \sqrt{81}$

   g. $\sqrt[3]{1.000\,cm^3}$

   h. $\sqrt[3]{4 \bullet 949,104}$

   i. $\sqrt[4]{10.000}$

   j. $\sqrt{38+87-76}$

   k. $\sqrt{\dfrac{75}{12}}$

2. Wie lang ist die Seite eines quadratischen Fotos, wenn es eine Fläche von 676 cm² hat?

3. Für die Anfertigung einer quadratischen Tischdecke wurden 4,84 m² Stoff verarbeitet.
   Wie lang ist eine Seite der Tischdecke?

4. Auf einer Fläche von 25 m² wurden 100 quadratische Gehwegplatten verlegt.
   Wie breit und wie lang ist eine dieser Platten?

2.   Maßeinheiten und ihre Umrechnung

Wesentliche Grundlagen bei den Berechnungen im visuellen Marketing sind die Maßeinheiten und ihre Umrechnung.

Bei den Materialbedarfsberechnungen geht es vor allem um Längen-, Flächen- und Volumeneinheiten. Aber auch das Wissen um die Zeit- und Gewichtsgrößen ist für Kalkulationen wichtig.

Längeneinheiten und die Umrechnung

In Deutschland wird hauptsächlich in Millimeter, Zentimeter, Meter und Kilometer gerechnet. Der Umrechnungsfaktor ist meistens 10.

Ausländische Maßeinheiten, wie Inch und Yard, spielen im visuellen Marketing keine Rolle.

Bezeichnung	Maßeinheit	Umrechnung
Millimeter	mm	
Zentimeter	cm	1 cm = 10 mm
Dezimeter	dm	1 dm = 10 cm = 100 mm
Meter	m	1 m = 10 dm = 100 cm = 1.000 mm
Kilometer	km	1 km = 1.000 m

Übungsaufgaben:

1.   3.500 mm   = ... m

2.   15 dm   = ... cm

3.   2,37 m   = ... mm

4.   1.150 m   = ... km

5.   255 mm + 1,6 m − 46 cm   = ... m

6.   0,9 m − 7,2 dm + 25 cm   = ... mm

7.   3,2 dm + 1,05 m + 325 mm   = ... cm

Flächeneinheiten und die Umrechnung

Preisangabe (€/m²) oder Materialverbrauch (g/m²) beziehen sich häufig auf 1 Quadratmeter. Der Umrechnungsfaktor ist meistens 100.

Bezeichnung	Maßeinheit	Umrechnung
Quadratmillimeter	mm²	
Quadratzentimeter	cm²	1 cm² = 100 mm²
Quadratdezimeter	dm²	1 dm² = 100 cm² = 10.000 mm²
Quadratmeter	m²	1 m² = 100 dm² = 10.000 cm²
Ar	a	1 a = 100 m²
Hektar	ha	1 ha = 100 a = 10.000 m²

Übungsaufgaben:

1.   25.000 cm²   = ...m²

2.   7 dm²   = ...cm²

3.   45.750 mm²   = ...m²

4.   6,34 m²   = ...cm²

5.   2,3 m² + 1.340 cm²   = ...dm²

6.   6.350 mm² - 0,61 dm²   = ...cm²

7.   512 cm² + 600 mm² - 0,01 m² = ...dm²

Volumeneinheiten und die Umrechnung

Kubikzentimeter, Kubikmeter und Liter sind die am häufigsten benutzten Volumengrößen. Der Umrechnungsfaktor ist 1.000.

Eine weitere wichtige Umrechnung lautet: $1 \ dm^3 = 1 \ l$.

Bezeichnung	Maßeinheit	Umrechnung
Kubikmillimeter	mm^3	
Kubikzentimeter	cm^3	$1 \ cm^3 = 1.000 \ mm^3$
Kubikdezimeter	dm^3	$1 \ dm^3 = 1.000 \ cm^3 = 1 \ l$
Kubikmeter	m^3	$1 \ m^3 = 1.000 \ dm^3 = 1.000.000 \ cm^3$
Liter	l	$1 \ l = 1 \ dm^3$
Hektoliter	hl	$1 \ hl = 100 \ l$

Übungsaufgaben:

1. $3,5 \ m^3$ = ... l

2. $700 \ cm^3$ = ... l

3. $2,88 \ dm^3$ = ... cm^3

4. $742 \ l$ = ... m^2

5. $1,3 \ m^3 - 530 \ dm^2$ = ... cm^3

6. $0,124 \ dm^3 + 2.450 \ cm^3$ = ... m^3

7. $0,12 \ dm^3 - 0,12 \ cm^3 + 0,1 \ m^3$ = ... mm^2

Gewichtseinheiten und die Umrechnung

Im visuellen Marketing kommen hauptsächlich Gramm, Kilogramm und gelegentlich auch Tonne zur Anwendung. Seltener spielen Milligramm und Dezitonne eine Rolle.

Bezeichnung	Maßeinheit	Umrechnung
Milligramm	mg	
Gramm	g	1 g = 1.000 mg
Kilogramm	kg	1 kg = 1.000 g
Dezitonne	dt	1 dt = 100 kg
Tonne	t	1 t = 1.000 kg

Übungsaufgaben:

1.	3.875 g	=	.....................kg
2.	15,475 kg	=	.....................g
3.	750 mg	=	.....................g
4.	1,3 t	=	.....................kg
5.	5,64 kg	=	.....................g
6.	0, 23 t − 228 kg	=	.....................g
7.	4,32 kg + 750 g	=	.....................kg
8.	455 kg − 3.500 g + 0,15 t	=	.....................kg

Zeiteinheiten und die Umrechnung

Im Berufsalltag der Gestalter/Gestalterinnen für visuelles Marketing sind die gebräuchlichsten Zeiteinheiten Sekunden, Minuten, Stunden und Tage. Bei Kalkulationen können jedoch auch Monat und Jahr vorkommen.

Merke:

> Bruchteile von Tagen, Stunden und Minuten werden in der jeweils nächstkleineren Einheit angegeben, Bruchteile von Sekunden dagegen als Dezimalzahl (z.B. 3 h 39 min statt 3,65 h; aber 12,5 s).

Bezeichnung	Maßeinheit	Umrechnung
Sekunde	s	
Minute	min	1 min = 60 s
Stunde	h	1 h = 60 min
Tag	d	1 d = 24 h
Woche	1 Woche = 7 d	
Monat	1 Monat = 28 – 30 d (kaufmännisch immer 30 d)	
Jahr	1 Jahr = 365 oder 366 d (kaufmännisch immer 360 d)	

Übungsaufgaben:

1. 36 h = ...d

2. 420 min = ...h

3. 2,6 d = ...h

4. 5,25 h = ...min

5. 2 d – 46,5 h = ...min

6. 2.700 s + 30 min = ...h

7. 1,5 d – 33,5 h + 15 min = ...h..........min

8. Wandeln Sie die Zeitangaben in Stunden, Minuten und Sekunden um!

   a. 2,47 h

   b. 0,88 h

   c. 5,31 h

3.   Benutzung des Taschenrechners

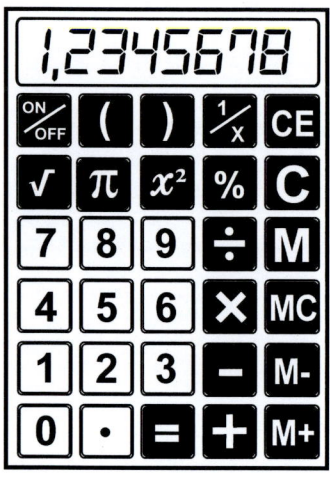

Der Taschenrechner ist heutzutage im beruflichen Umfeld kaum noch wegzudenken. Da sich das Rechnen beim visuellen Marketing meist jedoch auf die Grundrechenarten beschränkt, reicht eine einfache Ausführung des Taschenrechners aus.

Nun sind die Bezeichnungen der Tasten und die rechnerische Nutzung bei den einzelnen Herstellern unterschiedlich.

Es werden deshalb die am häufigsten verwendeten Bezeichnungen und Funktionstasten erläutert. (Im folgenden Abschnitt werden die Operationstasten in eckigen Klammern dargestellt.)

Zifferntasten:

1, 2, 3, 4 ...   zur Eingabe der Zahlen

Systemtasten:

[ON] [OFF]   Ein / Aus
[AC] [C] [CE] Anzeigen- bzw. Gesamtlöschung
[π]   gibt die Konstante Pi = 3,141592654 aus
[√]   ermittelt die Quadratwurzel
[x^2]   ermittelt das Quadrat der Anzeige
[%]   berechnet den Prozentwert
[,] [•]   setzt ein Komma

[C] wird vor Beginn einer jeden neuen Rechnung gedrückt.

Falsch eingegebene Rechenzeichen werden durch Neueingabe des richtigen Zeichens korrigiert.

Tasten der Grundrechenarten:

[+]   Plus-Taste zur Addition   z.B.   4 [+] 7 [=]   11

[-]   Minus-Taste zur Subtraktion   z.B.   1 7 [-] 9 [=]   8

[x] [•]   Mal-Taste zur Multiplikation   z.B.   1 2 [•] 6 [=]   72

[÷] [/] Geteilt-Taste zur Division   z.B.   2 8 [/] 7 [=]   4

[(] [)]   Klammern zur Bildung von Zwischenergebnissen

[=]   Ist-Taste für Zwischen- bzw. Endergebnisse

Der Taschenrechner kennt die Regel: Punkt vor Strich und Klammer vor Punkt.

Beispiele: $5 + 3 \cdot 4 = ?$ 5 [+] 3 [•] 4 [=]   60

$(5 + 3) \cdot 4 = ?$ [(] 5 [+] 3 [)] [•] 4 [=]   32 oder
                                           5 [+] 3 [=] [•] 4 [=]   32

Tasten der Speicherfunktion:

[M]   Speichern des Anzeigewertes

[MC]   Löschen des Speichers

[M-]   Subtraktion einer Zahl vom Speicherwert

[M+]   Addition einer Zahl zum Speicherwert

Mit [M] wird der Anzeigenwert im Speicher fixiert.
Durch eine erneute Speicherung wird der alte Speicherwert überschrieben.

Beispiel: $\dfrac{8 + 4}{7 - 3} = ?$ 7 [-] 3 [=] [M] 8 [+] 4 [=] [/] [MR] [=] 3

oder   [(] 8 [+] 4 [)] [/] [(] 7 [-] 3 [)] [=] 3

Beispiele für die wichtigsten Berechnungen:

Grundrechenarten		
$5{,}7 - 3{,}8 + 0{,}12$	5 [,] 7 [-] 3 [,] 8 [+] [,] 1 2 [=] (Die Null vor dem Komma muss nicht mit eingegeben werden.)	2,02
$\dfrac{34 \cdot 2{,}4}{3}$	3 4 [•] 2 [,] 4 [/] 3 [=] (Der Bruchstrich bedeutet: Geteilt durch …)	27,2
$6 + 4 \cdot 5{,}2$	6 [+] 4 [•] 5 [,] 2 [=] (Der Taschenrechner beherrscht die Regel: Punkt- vor Strichrechnung.)	26,8
Potenzieren und Wurzelziehen		
$3{,}4^2$	3 [,] 4 [x²] [=] (Die Taste [x²] ist nur für die Berechnung von Flächeninhalten. Für das Ermitteln von Volumen gilt …)	11,56
$1{,}5^3$	1 [,] 5 [xʸ] 3 [=] (Manche Taschenrechner haben auch die Taste [x³].)	3,375
$\sqrt{20{,}25}$	2 0 [,] 2 5 [√] [=] (Es ist auch möglich, dass die „Quadratwurzeltaste" vor der Zahl eingegeben werden muss.)	4,5
Prozentrechnen		
11 % von 575	5 7 5 [•] 1 1 [%] [=] oder 5 7 5 [•] 0 [,] 1 1 [=]	63,25
Rechnen mit π (Kreisberechnungen)		
A vom Kreis: $r^2 \cdot \pi$ $1{,}5^2 \cdot \pi$	1 [,] 5 [x²] [•] [π] [=]	7,068…
u vom Kreis: $d \cdot \pi$ $3 \cdot \pi$	3 [•] [π] [=]	9,424…

Übungsaufgaben:

1. $35 + 24 \cdot 215 - 1.210$

2. $5,7 \text{ kg} + 7,380 \text{ kg} - 13,5 \text{ kg} + 22,185 \text{ kg} - 7 \text{ kg}$

3. $\dfrac{4,2 \text{ m} \cdot 0,85 \text{ m}}{5}$

4. $1,5 \cdot 1,5 \text{ bzw. } 1,5^2$

5. $12,3^3$

6. $\sqrt{28,09}$

7. $19\% \text{ von } 1.352,- €$

8. $6,2^2 \cdot \pi$

9. $1,1111111^2$

10. Sie kaufen Farbe und Zubehör für die Werkstatt ein: 2 Eimer (5 l) Acryl-Bodenfarbe zu je 26,- €, 3 Gebinde (12,5 l) Rapidweiß je 14,99 €, 1 Paket mit 10 Flaschen Multigrund zu 4,85 €/Flasche, 8 Eimer Styroporkleber zu je 6,60 €, 6 Gebinde (10 l) farbloses Latex-Bindemittel zu je 19,95 €, 12 Tuben MDF-Spachtel zu je 2,80 €, 1 Paket Klebeband zu 19,80 €, 2 Deckenbürsten zu je 2,88 €, 4 Stück 50-mm-Flachpinsel zu je 1,93 € und 1 Holzleiter zu 45,85 €.
Wie viel € (netto) kostet die gesamte Ware?

11. Sie übernehmen für einen Einzelhändler die Dekoration seiner Schaufenster und Warenabteilungen. Zuvor vereinbaren Sie mit ihm einen Stundensatz von 13,50 € und einen Zuschlag von 2,75 €/h für Arbeiten nach 18,00 Uhr. Am Montag und Dienstag haben Sie jeweils von 16,00 bis 18,00 Uhr gearbeitet und am Mittwoch und Donnerstag von 17,00 bis 19,00 Uhr.
Wie viel € muss Ihnen der Händler auszahlen?

12. Zum Saisonausklang werden in einem Geschäft die Preise um 30 % gesenkt. Sie sollen die Preisschilder neu schreiben.

13. Wie sind die neuen Preise? Die alten waren

    a. 190,- €

    b. 68,20 €

    c. 17,23 €

4.   Dreisatzrechnen

Das Dreisatzrechnen (auch Schlussrechnung genannt) ist eines der am häufigsten zur Anwendung kommenden Rechenverfahren im Beruf und im Alltag. Mit dem Dreisatz kann ein Großteil anderer Rechenverfahren gelöst werden, z.B. die Prozent- und Zinsrechnung, aber auch Arbeits- und Materialkalkulationen. Damit stellt es eine bedeutende Grundlage für das berufsbezogene Rechnen dar.

Wir kennen drei verschiedene Verfahren:
- Einfacher Dreisatz mit geradem Verhältnis
- Einfacher Dreisatz mit ungeradem Verhältnis
- Zusammengesetzter Dreisatz (oder Vielsatz)

4.1.   Einfacher Dreisatz

4.1.1.   Dreisatz mit geradem Verhältnis

Die Lösung von Dreisatzaufgaben geschieht in folgenden Schritten:

1. Aus der Aufgabenstellung die Behauptungen herausfinden und den **1.Satz**, den **Bedingungssatz**, aufbauen.
2. Der Aufgabenstellung folgend, den **2.Satz**, den **Fragesatz**, formulieren.
3. Zur Lösung den **3.Satz**, den **Bruchsatz**, ausrechnen
4. Antwortsatz formulieren

Beispielaufgabe:

Für einen Klebstoff zur Bodenbelagverlegung wurden für 10 kg 52,50 € bezahlt.
a.   Berechnen Sie den Wert der lediglich 8 kg verbrauchten Klebstoffs!
b.   Wie viel kg dieses Klebstoffs bekäme man für 68,25 €?

Allgemeine Regel bei Geradlinigkeit:

„Je **mehr**, desto **mehr**" bzw. „je **weniger**, desto **weniger**".

Die 3 Sätze:

1. **Bedingungssatz** (Aussagesatz):
   - → Die angegebenen Werte in die 1.Zeile des Ansatzes setzen.
   - → Die gesuchte Einheit sollte rechts stehen.
   - → (Bei Aufgabe a = € und bei Aufgabe b = kg.)

2. **Fragesatz:**
   - → Frage in die 2.Reihe schreiben.
   - → Gleiche Einheiten stets untereinander setzen.

3. **Bruchsatz:**
   - → Frage: Kosten weniger kg mehr oder weniger?
   - → Die Antwort lautet: „**Weniger!**"
   - → Folge: **weniger** kg = **weniger** € (also „**gerades Verhältnis**")

Lösung: a)

$$10 \text{ kg} = 52{,}50 \text{ €}$$
$$8 \text{ kg} = \quad x \text{ €}$$

$$x = \frac{52{,}50 \bullet 8}{10} = \underline{\underline{42 \text{ €}}}$$

b)

$$52{,}50 \text{ €} = 10 \text{ kg}$$
$$68{,}25 \text{ €} = \quad x \text{ kg}$$

$$x = \frac{68{,}25 \bullet 10}{68{,}25} = \underline{\underline{13 \text{ kg}}}$$

Antwortsatz: a) Es wurde Klebstoff für 42,- € verbraucht.
b) Für den Preis von 68,25 € bekommt man 13 kg Klebstoff.

Merke:

- Die Aussagezeile (Bedingungssatz) steht immer über der Fragezeile (Fragesatz)
- Die zu suchende „Unbekannte" mit der dazugehörigen Maßangabe steht immer im Fragesatz, und zwar auf der **rechten** Seite.
- Die untereinander stehenden Maßangaben der beiden Ansatzzeilen (Bedingungs- und Fragesatz) müssen stets immer gleich sein. (z.B. € unter €; kg unter kg usw.)
- Wir machen unter den Ansatz einen abschließenden Strich und setzen darunter den Bruchstrich (Bruchsatz).

4.1.2. Dreisatz mit ungeradem Verhältnis

Beispielaufgabe:

6 Mitarbeiter (MA) benötigen für die Erledigung eines Auftrags 45 Stunden.
a. In wie viel Stunden kann dieser Auftrag von 5 MA erledigt werden?
b. Wie viel MA sind erforderlich, wenn der Auftrag in 30 Stunden erledigt sein muss?

Allgemeine Regel bei ungeradem Verhältnis:

Je **mehr**, desto **weniger**" bzw. „je **weniger**, desto **mehr**

Die 3 Sätze:

1. Bedingungssatz:

→ wie bei geradlinigem Dreisatz

2. Fragesatz:

→ wie bei geradlinigem Dreisatz

3. Bruchsatz:

→ Frage: Brauchen weniger MA mehr od. weniger Zeit?

→ Antwort: **mehr**

→ Folge: **weniger** MA = **mehr** Zeit (also „**ungerades Verhältnis**")

Lösung:

a)
$$-\left|\begin{array}{l} 6\,\text{MA} = 45\,\text{h} \\ 5\,\text{MA} = \ \ x\,\text{h} \end{array}\right| +$$

$$x = \frac{6 \bullet 45}{5} = \underline{\underline{54\,\text{h}}}$$

b)
$$-\left|\begin{array}{l} 45\,\text{h} = 6\,\text{MA} \\ 30\,\text{h} = x\,\text{MA} \end{array}\right| +$$

$$x = \frac{45 \bullet 6}{30} = \underline{\underline{9\,\text{MA}}}$$

Antwortsatz:

a) Der Auftrag kann von 5 Werbegestaltern in 54 Stunden erledigt werden.
b) 9 MA sind erforderlich, wenn der Auftrag in 30 h erledigt werden muss.

4.2. Zusammengesetzter Dreisatz bzw. Vielsatz

Ein zusammengesetzter Dreisatz besteht aus mehreren einzelnen Dreisätzen, die, wie es schon die Bezeichnung sagt, zu einem Dreisatz zusammengesetzt wurden. Diese einzelnen Dreisätze können innerhalb einer Aufgabe sowohl in geradem als auch ungeradem Verhältnis zueinander stehen können.

Beispielaufgabe:

3 Marketinggestalter benötigen 4 Stunden, um 132 Wimpel zu nähen, Am nächsten Tag müssen noch einmal 154 Wimpel angefertigt werden, doch fällt wegen Krankheit eine Person aus.
In welcher Zeit wird diese Arbeit geschafft?

Merke:

- Man löst einen zusammengesetzten Dreisatz, indem man ihn zuerst in Dreisätze aufteilt.
- Bei jedem Dreisatz muss das gerade oder ungerade Verhältnis festgestellt werden.
- Der Bruchstrich beginnt im Zähler mit der gesuchten Größe. Die Dreisätze werden dann je nach geradem oder ungeradem Verhältnis auf den Bruchstrich übertragen.
- Gleiche Einheiten stehen stets untereinander!

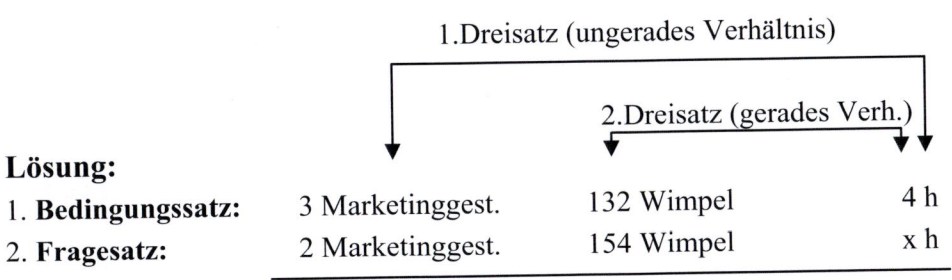

Lösung:

1. **Bedingungssatz:**   3 Marketinggest.   132 Wimpel   4 h

2. **Fragesatz:**   2 Marketinggest.   154 Wimpel   x h

3. **Schlusssatz:** $x = \dfrac{3 \cdot 154 \cdot 4}{2 \cdot 132} = \underline{\underline{7\,h}}$

Antwortsatz: 7 Stunden benötigen 2 Gestalter für das Nähen der 154 Wimpel.

Übungsaufgaben:

1. 1 m² Tischlerplatten (19 mm dick) kostet 16,57 €.
   Was kosten 3 Stck. 19-mm-Tischlerplatten im Format 5,20 m x 2,05 m?

2. 7 Mitarbeiter der Marketingabteilung haben zur Vorbereitung einer Großveranstaltung 8 Tage Zeit. Aus organisatorischen Gründen muss diese Arbeit aber schon nach 7 Tagen abgeschlossen sein.
   Wie viel Leute sind zusätzlich einzusetzen, damit der neue Termin gehalten werden kann?

3. Für das Tapezieren der Rück- und Seitenwände eines Schaufensters mit der 53 cm breiten „Normal"-Tapete sind 20 Bahnen notwenig. Verwendet wird nun aber eine Echtholztapete, die 70 cm breit ist.
   Wie viel Bahnen müssen von dieser Tapete zugeschnitten werden?

4. Zur Gestaltung von drei Schaufenstern werden 7 Mitarbeiter eingeteilt, die sie in 4 Stunden und 30 Minuten dekorieren sollen. Kurz vor Beginn werden 2 Mitarbeiter für eine andere dringende Arbeit abgerufen.
   Wie lange brauchen die übrigen für die Gestaltung?

5. Verwendet man zum Tapezieren von Schaufensterrückwänden Raufaser mit 53 cm Breite, so braucht man 25 Rollen.
   Wie viel Stück müssen gekauft werden, wenn nur Rollen mit 80 cm Breite zu bekommen sind?

6. Eine Werbegestalterin reicht im Urlaub 15 Tage mit ihrem Geld, wenn sie täglich 42,90 € ausgibt.
   Wie viel darf sie täglich nur ausgeben, wenn sie 3 Tage länger bleiben will?

7. Für die Vorbereitung eines Stadtfestes werden bei einem Einsatz von 24 Mitarbeitern 9 Arbeitstage eingeplant. Wegen Krankheit können jedoch nur 18 Leute eingesetzt werden.
   Wie viel Tage müssen nun für die Vorbereitung geplant werden?

8. Für eine Gemeinschaftswerbung, an der sich 11 Geschäfte beteiligen wollen, zahlt jedes Geschäft 198,70 €.
   Wie viel € muss jeder Geschäftsinhaber zahlen, wenn 4 Geschäfte sich nicht mehr an diesem Auftrag beteiligen wollen?

9. Ein Raumausstatter verdient bei einer wöchentlichen Arbeitszeit von 37,5 h 416,25 €.
   a) Wie hoch ist sein Lohn für einen 7,5-stündigen Arbeitstag?
   b) Wie hoch ist sein Monatsverdienst bei einer monatlichen Arbeitzeit von 168 Stunden?

10. Die Benutzung einer Wandfläche für die Plakatwerbung kostet für 60 Tage 546,- €. Die Benutzungsdauer wird auf 76 Tage verlängert.
Wie viel € muss das Unternehmen nun zahlen?

11. Bei 8-stündiger Arbeitszeit fertigt eine Dekorationsnäherin 96 Teile.
Wie viel Teile wird sie nähen, wenn die Arbeitszeit um 0,5 h gekürzt wird?

12. Teilt man die Rückwand eines Schaufensters in Farbstreifen von 0,48 m Breite ein, so erhält man 17 Streifen. Aus farbrhythmischen Gründen will man aber eine gerade Anzahl haben (12 oder 16).
Welche Breite erhalten dann die Streifen?

13. Der Rechnungsbetrag für 48 Rollen Tapete lautet über 552,- €. Für einen Dekorationsauftrag wurden 11 Rollen benötigt.
Welcher Betrag ist für die verarbeiteten Rollen in Rechnung zu stellen?

14. Ein Restposten von 64 Preisschildern entspricht der Größe von vier Bogen Plakatkarton.
Wie viel Bogen müssen noch beschafft werden, wenn zur Durchführung einer Schaufenstergestaltung zum Sommerschlussverkauf insgesamt 432 Preisschilder benötigt werden?

15. Mit einem Vorrat Plakatfarbe reicht man bei einem täglichen Verbrauch von 6,25 kg 14 Tage.
Wie viel Tage weniger käme man mit diesem Vorrat aus, wenn man 2 ½ kg täglich mehr verbrauchen würde?

16. Der Marketingleiter eines Kaufhauses will für die Umgestaltung einer Fensterfront 12 seiner Mitarbeiter einsetzen, damit er die Arbeit in 5 Stunden 20 Minuten schafft. Durch dringende Arbeiten muss er aber damit in 4 Stunden fertig sein. Er fordert für die Hilfsarbeiten Verkäuferinnen an.
Wie viel werden benötigt?

17. Eine Treppe bei einer Bühnengestaltung sollte 24 Stufen mit einer Steighöhe von 18 cm haben. Die Vorschriften legen aus unfalltechnischen Gründen eine Steighöhe von nur 16 cm fest.
Wie viel Stufen muss die Treppe laut Vorschrift haben?

18. Die Planung und der Bau einer Dekoration wird bei einem Zeitaufwand von 42 Stunden mit 2.730,- € veranschlagt.
Auf welchen Betrag erhöhen sich die Kosten, wenn zur Ausführung des Auftrages 56 Stunden erforderlich sind?

19. Ein Wasserbecken für einen Event lässt sich durch 12 Pumpen in 18 Stunden und 20 Minuten füllen.
Mit welcher Zeit ist zu rechen, wenn 2 Pumpen wegen Reparatur ausfallen?

20. Für die Konzipierung und Organisation eines Events bekamen 4 Gestalter/Gestalterinnen für visuelles Marketing 45 Tage Zeit. Nach 15 Tagen fiel jedoch ein Mitarbeiter aus.
Um wie viel Tage verlängert sich dadurch die Vorbereitung des Events?

21. Beim Streichen einer quadratischen Podiumsfläche (2 m Seitenlänge) mit Fußbodenfarbe werden 800 g Farbe verbraucht.
Mit welchem Farbverbrauch kann beim Streichen eines anderen Podiums gerechnet werden, das 4,50 m breit und 3 m lang ist?

22. Eine Gestalterin für visuelles Marketing stellt für die Weihnachtsdekoration in einer Woche bei täglich 8-stündiger Arbeitszeit 180 Sterne aus Draht und Seidenpapier her. Durch eine Veränderung der Gestaltungskonzeption ergibt sich ein Bedarf von 200 Stück
Wie viel Überstunden muss sie täglich leisten, damit der Auftrag innerhalb der geplanten Woche abgeschlossen werden kann?

23. Um den verkaufspsychologischen Wert eines Werbekonzeptes zu ermitteln, wurde über längere Zeit eine Erfolgskontrolle durchgeführt. Die Analyse ergab folgende statistische Werte: 2,4 Kunden kauften in 2,4 Stunden 2,4 mal den neuen Artikel.
Leiten Sie aus diesen Angaben her, mit welcher Verkaufsmenge bei 12 Kunden in 10 Stunden gerechnet werden kann.

24. Die Dekoration von 15 Verkaufsabteilungen sollte von 3 Mitarbeitern/Mitarbeiterinnen der Marketingabteilung in 4 Tagen abgeschlossen werden. Eine Planänderung sieht jedoch eine Gestaltung von 20 Abteilungen vor.
Mit wie viel Tagen muss gerechnet werden, wenn außerdem noch ein Gestalter ausfällt?

25. Um ein Marketingkonzept für ein Unternehmen entwickeln zu können, sammeln vorbereitend Mitarbeiter der Marketingabteilung in einer Kundenbefragung markt- und unternehmensbezogene Ausgangsdaten. In einer früheren vergleichbaren Aktion hatten 5 Mitarbeiter bei täglich 8 Stunden Arbeitszeit an 3 Tagen 960 Personen befragt. Diesmal kann ein Mitarbeiter mehr eingesetzt werden, allerdings stehen nur 2 Tage und 6 Stunden täglich zur Verfügung.
Mit wie viel befragten Personen kann diesmal gerechnet werden?

26. Ein Team von 3 Gestaltern/Gestalterinnen ist mit der Durchführung einer groß angelegten Werbeaktion beauftragt worden. Die Terminvorgabe beträgt 16 Arbeitstage. Nach 4 Tagen fällt ein Mitarbeiter aus.
Wie viel Überstunden pro Arbeitstag muss jeder der 2 verbliebenen Gestalter leisten, wenn eine maximale Terminverzögerung von 4 Tagen möglich ist?

5.   Prozentrechnen

Prozentrechnen ist eine Vergleichsrechnung, bei der von unterschiedlichen Werten jeweils gleichmäßig angemessene Anteile berechnet werden. Dabei **bezieht man sich auf die Zahl 100. Dieses Verhältnis heißt Prozent. (Pro centum** kommt aus dem Lateinischen und bedeutet **von Hundert.)**

Der Vergleich mit der Zahl 1.000 ist die **Promillerechnung.** (lat. **pro mille** = **von Tausend)**

Grundbegriffe beim Prozentrechnen:

Beispiel:

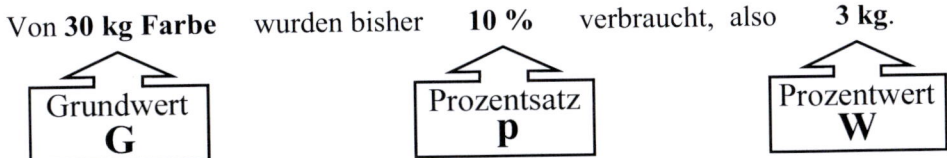

Von **30 kg Farbe**   wurden bisher   **10 %**   verbraucht, also   **3 kg.**

| Grundwert G | Prozentsatz p | Prozentwert W |

Merke:

- Der **Grundwert** (z.B. **30 kg**) ist das Ganze und entspricht dem Prozentsatz 100 %, und er ist immer benannt (z.B. kg, cm, h)

- Der **Prozentsatz** (z.B. **10 %**) gibt an, welcher Bruchteil vom Ganzen zu bilden ist und er wird immer in % ausgedrückt.

- Der **Prozentwert** (z.B. **3 kg**) gibt an, wie groß der Teil vom Ganzen ist (welchen Wert er hat) und er ist folglich mit der gleichen Benennung wie der Grundwert versehen.

Prozentrechnungen lassen sich über den Dreisatz oder mit einer entsprechenden Formel lösen.

Die Grundformel der Prozentrechnung lautet:

$$\text{Prozentwert} = \frac{\text{Grundwert} \cdot \text{Prozentsatz}}{100} \qquad W = \frac{G \cdot p}{100}$$

Beispielaufgabe:

Der Urlaubsplan der Marketingabteilung sieht vor, dass von den 15 Mitarbeitern maximal 20 % im Urlaub sein können.
Wie viel Mitarbeiter können Urlaub machen?

Lösung:

mit Dreisatz:

$100\,\% = 15$ Mitarbeiter

$20\,\% = x$ Mitarbeiter

$x = \dfrac{15 \bullet 20}{100} = 3$ Mitarbeiter

mit Formel:

$W = \dfrac{G \bullet p}{100}$

$W = \dfrac{15 \bullet 20}{100} = 3$ Mitarbeiter

Antwort:

Es können immer maximal 3 Mitarbeiter im Urlaub sein.

Hinweis:

> Die Überprüfung, ob es sich um einen Dreisatz mit geradem oder ungeradem Verhältnis handelt, ist nicht notwendig.
> Prozentrechnungen sind immer gerade Dreisätze!

5.1.   Berechnen des Prozentwertes

Formel für die Berechnung des Prozentwertes lautet:

$$\text{Prozentwert} = \frac{\text{Grundwert} \bullet \text{Prozentsatz}}{100} \qquad W = \frac{G \bullet p}{100}$$

Beispielaufgabe:

Der Preis für einen Computer beträgt 1.500 €.
Wegen einer zu erwartenden Neuentwicklung wird der Preis um 10 % gesenkt.
a) Wie viel € beträgt die Preissenkung?
b) Wie viel € beträgt der neue Preis?

Lösung:

mit Dreisatz

a)   100 % = 1.500 €

      10 % =   x €

$$x = \frac{1.500 \bullet 10}{100} = 150 \text{ €}$$

b)   100 % = 1.500 €

      90 % =   x €

$$x = \frac{1.500 \bullet 90}{100} = 1.350 \text{ €}$$

mit Formel

$$x \text{ €} = \frac{1.500 \bullet 10}{100} = 150 \text{ €}$$

$$x \text{ €} = \frac{1.500 \bullet 90}{100} = 1.350 \text{ €}$$

Übungsaufgaben:

1. Zum Saisonschlussverkauf werden die Preise herabgesetzt. Dazu muss Ihre Marketingabteilung neue Preisschilder anfertigen. Die bisherigen Preise werden um18 % gesenkt. Alte Preise waren z.B.: 28,10 €; 18,40 €; 21,40 €. Welche Preiszahlen müssen auf den neuen Schildern eingesetzt werden.

2. Beim Kauf einer größeren Menge an Dekorationsstoff im Gesamtwert von 850 EUR bekommen wir 6 % Rabatt.
   Wie hoch ist die Einsparung?

3. Beim Verarbeiten von 2 Tischlerplatten von zusammen 6,25 m² entstehen 15 % Verschnitt.
   Wie viel m² können nicht verarbeitet werden?

4. In einem Radiogeschäft wird der Preis einer HiFi-Anlage um 10 % erhöht. Als daraufhin die Anlage keinen Abnehmer findet, wird der erhöhte Preis wieder um 10 % gesenkt. Ursprünglich war die Anlage mit 495,- € ausgezeichnet.
   Wie viel € kostete sie nach der Preiserhöhung und wie hoch ist der Preis nach der Preissenkung?

5. Eine Gestalterin für visuelles Marketing verdient brutto 2.150,- € im Monat. Von ihrem Lohn werden die Lohnsteuer in Höhe von 20 % und die Sozialabgaben in Höhe von 21 % abgezogen.
   Berechnen Sie den Nettolohn.

6. Für die Gestaltung eines Sommerfestes wurden Wimpel genäht. Verarbeitet wurden 14 lfd. Meter. Der Stoff liegt 140 cm breit. Der Verschnitt betrug 5 ½ %.
Wie viel m² Stoff fielen als Verschnitt an?

7. An der letzten IHK-Abschlussprüfung haben 25 Auszubildende teilgenommen. 96 % haben ihre Prüfung bestanden.
Wie viel Teilnehmer müssen die Prüfung wiederholen?

8. Welches Angebot ist günstiger?
Angebot A: Listenpreis 1.260,- €, 16 % Mengenrabatt, 1,5 % Skonto
Angebot B: Listenpreis 1.050,- €, kein Rabatt, 2,5 % Skonto

9. 40 lfd. Meter Wildleder-Imitat (1,50 m breit)kosten laut Listenpreis 330,- €.
Errechnen Sie den (Mengen-) Rabattbetrag (5 %), die Mehrwertsteuer (19 %), den Rechnungsbetrag, den Skontobetrag (1,5 %) und den zu zahlenden Betrag!

10. Für die Dekorationen der Gemüse- und Obstabteilungen eines Lebensmitteldiscounters bietet der Großhandel für Deko-Material Attrappen zu folgenden Stückpreisen an:

1 Stück	1,80 €
ab 30 Stück	1,66 €
ab 100 Stück	1,53 €

Um wie viel Prozent ist eine Attrappe beim Kauf von 100 Stück günstiger als beim Kauf einzelner Stücke?

11. Nach einer Materiallieferung bekommen Sie eine Rechnung mit dem Datum vom 19.10., einer Nettosumme von 1.600,- € und dem Bruttobetrag 1.904,- €. Folgende Zahlungsbedingungen waren auf der Rechnung angeführt: „Zahlbar innerhalb von 8 Tagen unter Abzug von 2 % Skonto oder innerhalb von 30 Tagen rein netto". Am 25.10. überweisen Sie die Rechnung.
Wie viel € waren unter Berücksichtigung der Zahlungsbedingung zu überweisen?

12. Zur Planung einer Werbeaktion gehört die Budgetierung. Ein Unternehmen plant für die Bewerbung eines neuen Artikels mit einem Etat von 350.000 €.
Damit sind vorgesehen:

Fernseh- und Rundfunkwerbung	57 %
Anzeigenwerbung	11 %
Plakatwerbung	13 %
Fahrzeugwerbung	4 %
Messe und Ausstellungen	15 %

Ermitteln Sie auf der Grundlage des Budgets die zur Verfügung stehenden Beträge der einzelnen Werbemittel.

5.2. Berechnen des Prozentsatzes

Die (umgestellte) Formel für die Berechnung des Prozentsatzes lautet:

$$\text{Prozentsatz} = \frac{\text{Prozentwert} \bullet 100}{\text{Grundwert}} \qquad p = \frac{W \bullet 100}{G}$$

Beispielaufgabe:
Der Preis für einen Computer beträgt 1.500 €. Der Händler gewährt 150,- €
Preisnachlass.
a) Wie viel % beträgt der Preisnachlass?
b) Wie viel % entfallen auf den neuen Preis?

Lösung:
mit Dreisatz   mit Formel

a)   1.500 € = 100 %

      150 € =   x   %

$$x = \frac{150 \bullet 100}{1.500} = 10\,\%$$

b)   1.500 € = 100 %

    1.350 € =   x   %

$$x = \frac{1.350 \bullet 100}{1.500} = 90\,\%$$

$$x\,\% = \frac{150 \bullet 100}{1.500} = 10\,\%$$

$$x\,\% = \frac{1.350 \bullet 100}{1.500} = 90\,\%$$

Übungsaufgaben:

1. Beim Kauf von Plakatfarben im Gesamtwert von 480,- € wird Ihnen ein
   Nachlass von 36,- € gewährt.
   Wie viel % beträgt der Nachlass?

2. Wie viel % der Farbe sind beim Umfüllen von 20 kg verloren gegangen,
   wenn anschließend 400 g fehlen?

3. Um den Werbenutzen einer Schaufensterdekoration festzustellen, wurde
   gezählt, dass von 380 vorbeigehenden Passanten 164 vor dem Fenster stehen
   blieben und die Auslagen betrachteten.
   Wie viel % der Passanten waren das?

4. Aus einer 2,44 m x 1,22 m großen Hartfaserplatte wurden Teile mit einer Gesamtfläche von rund 2,38 m² ausgesägt.
Wie viel % beträgt der Verschnitt?

5. Beim Kauf einer neuen Nähmaschine für die Werkstatt der Marketingabteilung im Wert von 7.200,- € wurden 2.520,- angezahlt.
Wie viel % des Kaufpreises macht die Anzahlung aus?

6. Für die Anfertigung einer Dekoration wurden im Voraus Kosten von 1.250 € kalkuliert. Tatsächlich kamen dann aber 1.406,25 € zusammen.
Um wie viel % wurde der Kostenvoranschlag überschritten?

7. Aus einer Sandwichplatte, 250 cm x 170 cm groß, wurden Dekorationsteile von insgesamt 3,57 m² angefertigt.
Wie viel % beträgt der Verschnitt?

8. Im letzten Jahr kostete ein Schaufensterfigur noch 360,- €. In diesem Jahr beträgt der Preis bereits 414,- €.
Um wie viel Prozent wurde der Preis gegenüber dem Vorjahr erhöht?

9. Die Lebensmittelabteilung eines Kaufhauses hatte in der Woche folgende Tagesumsätze:

Montag	8.861,16 €
Dienstag	8.408,40 €
Mittwoch	9.702,00 €
Donnerstag	8.279,04 €
Freitag	17.010,84 €
Samstag	12.418,56 €

Wie viel % des Wochenumsatzes fielen auf den Wochenendeinkauf (Freitag und Samstag zusammen)?

10. Sie werden von Ihrer Agentur beauftragt, ein Werbe- und Gestaltungskonzept für den vierwöchigen Weihnachtsmarkt einer mittleren Stadt zu entwickeln und zu realisieren. Im vorigen Jahr kamen lediglich 2.000 Besucher durchschnittlich pro Woche. Um die Wirksamkeit Ihrer Werbeaktion zu analysieren, werten Sie die diesjährigen Besucherzahlen aus.
In der ersten Woche kamen 2.000 Besucher, in der zweiten waren es 2.500 Besucher, in der dritten Woche stieg die Besucherzahl auf 3.500 und in der vierten Woche waren es sogar 4.000 Besucher.
Stieg im Vergleich zum Vorjahr die Besucherzahl um 50 %, um 100 %, um 300 % oder um 500 %?

11. Die Versicherungssumme der Marketing-Werkstatt liegt bei 1,25 Mio. €. Dafür sind jährlich Prämien von 3.125,- € zu zahlen.
Wie hoch ist der gültige Prämiensatz in $^0/_{00}$?

5.3.   Berechnen des Grundwertes

Die (umgestellte) Formel für die Berechnung des Grundwertes lautet:

$$\text{Grundwert} = \frac{\text{Prozentwert} \bullet 100}{\text{Prozentsatz}} \qquad G = \frac{W \bullet 100}{p}$$

Beispielaufgabe:

Der Computer kostet nach einem 10 %-igen Preisnachlass noch 1.350,- €.
Wie viel Euro betrug der ursprüngliche Preis?

Lösung:

mit Dreisatz

$$90\,\% = 1.350\ €$$

$$100\,\% = \quad x\ €$$

$$x = \frac{1.350 \bullet 100}{90} = 1.500\ €$$

mit Formel

$$x\ € = \frac{1.350 \bullet 100}{90} = 1.500\ €$$

Übungsaufgaben:

1. Beim Bezug von Material bekamen Sie folgende Nachlässe:
    a) Nachlass =   22,14 €   =   2 % des Rechnungsbetrages
    b) Nachlass = 127,11 €   =   3 % des Rechnungsbetrages
    Wie war der jeweilige Rechnungsbetrag?

2. Beim Kauf einer neuen Maschine ist eine Anzahlung über 1.298,- € zu leisten. Die restlichen 60 % des Kaufpreises werden vertragsgemäß in 5 gleich hohen Raten bezahlt.
    a) Wie hoch ist der Kaufpreis?
    b) Wie hoch ist eine Rate?

3. Für den Bau eines Ausstellungsstandes wurde eine größere Menge MDF-Platten verarbeitet. Dabei ergab sich ein Verschnitt von 15 % = 13,05 m².
    Wie viel Tischlerplatten wurden insgesamt verbraucht, wenn eine Platte 5,8 m² groß ist?

4. Bei Einhaltung einer Zahlungsbedingung konnte die Rechnung mit 3 % Skonto beglichen werden. Das war eine Minderung des Rechnungsbetrages um 121,53 €.
    Wie hoch war der Rechnungsbetrag?

5. Der krankheitsbedingte Arbeitsausfall liegt im Durchschnitt bei 2 Mitarbeitern, das sind rund 14,3 % der Belegschaft.
Wie viel Beschäftigte hat die Abteilung?

6. Ein Fernsehgeschäft wirbt für ein Gerät „Wir geben einen Preisnachlass von 15 %. Der Fernseher kostet nur noch 680 €."
a) Wie viel € kostete das Fernsehgerät ursprünglich?
b) Um wie viel € wurde der ursprüngliche Preis vermindert?

7. Durch Abzug von 1,5 % Skonto ermäßigte sich der zu zahlende Rechnungsbetrag um 12,60 €.
Wie hoch war der Rechnungsbetrag?

8. Für eine Lieferung Rollenwellpappe, Listenpreis pro Rolle 16,80 €, wurden 930,63 € überwiesen; Rabatt 5 %, Mehrwertsteuer 19 %, Skonto 2 %.
Wie viel Rollen wurden gekauft?

9. Die Marketing-Abteilung hat ihre Büro- und Werksträume gegen Brand- und Wasserschäden versichert. Sie zahlt dafür eine Prämie von 2,5 $^0/_{00}$, das sind 412,50 € jährlich.
Auf welche Versicherungssumme lautet der Versicherungsvertrag?

10. Sie kaufen für den Computerarbeitsplatz Ihrer Marketing-GmbH gemäß des abgebildeten Angebotes einen Monitor.
Wie viel € beträgt die enthaltene Umsatzsteuer?

11. Zur Ausstattung der Werkräume einer Marketingagentur wurde eine Pendelhubstichsäge angeschafft. Da die Agentur Stammkunde beim Lieferanten der Elektrowerkzeuge ist, bekam sie 12 % Rabatt und brauchte somit nur 187,44 € zahlen.
Berechnen Sie den Listenpreis der Säge.

6.   Zinsrechnung

Zinsrechnen ist ein wichtiger Bestandteil des kaufmännischen Rechnens. Zinsen werden als Vergütung für zeitweilig überlassenes Kapital (Geld) berechnet. Geldinstitute geben z.B. Kredite und überlassen damit für einen bestimmten Zeitraum Kapital, dafür bekommen sie Zinsen. Auch umgekehrt gilt das, der Sparer überlässt der Bank oder Sparkasse sein Geld und erhält dafür ebenfalls Zinsen.

Die Zinsrechnung ist eine Prozentrechnung, bei der allerdings andere Begriffe verwendet werden und noch als entscheidender Faktor die Zeit hinzukommt.

Die Größen der Prozent- und der Zinsrechnung:

Prozent- rechnung	Bezugs- größe **100**	Prozent- wert (**W**)	Grundwert (**G**)	Prozent- satz (**p**)	
Zins- rechnung	Bezugs- größe **100**	Zinsen (**Z**)	Kapital (**K**)	Zinssatz, - fuß (**p**)	Laufzeit (**t**)

Der Zinssatz bzw. –fuß bezieht sich mit wenigen Ausnahmen immer auf ein Jahr.

Die Zinsgrundformel:

$$Z = \frac{K \bullet p \bullet t}{100}$$

Beispielaufgabe:

Zu berechnen sind die **Zinsen** für **2.000 €** mit **4 %** in **3 Jahren**.

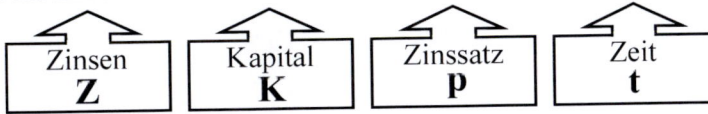

| Zinsen **Z** | Kapital **K** | Zinssatz **p** | Zeit **t** |

Lösung:

$$Z = \frac{K \bullet p \bullet t}{100} = \frac{2.000 \bullet 4 \bullet 3}{100} = \underline{\underline{240,- €}}$$

Übungsaufgaben:

13. Berechnen Sie die Zinsen für ein Jahr!
    a) 400,- € zu 5 %   b) 1.450,- € zu 7 %   c) 864,- € zu 3 %

14. Wie hoch sind die Zinsen für ½ Jahr?
    a) 750,- € zu 6 %   b) 2.250,- € zu 4 %   c) 980,- € zu 6,5 %

15. Wie viel Zinsen bringen 800,- € in 6 Jahren bei einem Zinsfuß von 3,5 %?

16. Um wie viel erhöht sich ein Konto von 1.450,- € in 3 Jahren und 6 Monaten bei 4 ½ % Zinsen?

17. Wie viel Euro Schuldzinsen müssen Sie aufbringen für 18.700,- € in 5 ½ Jahren, wenn der Zinsfuß 10,2 % ist?

6.1. Berechnen der Zinslaufzeit

Wir wissen, dass der in % angegebene Zinsfuß auf ein Jahr bezogen ist. Berechnungen für ein oder mehrere Jahre sind somit möglich. Die Praxis fordert jedoch auch die Ermittlung von Zinsen für

andere Zeiteinheiten: für Monate,
                                  für Tage,
                                  für Zusammensetzungen aus Jahr, Monat, Tag

Merke:

Im Rahmen der Zinsrechnung gelten in Deutschland hinsichtlich der Zeit folgende Richtlinien:	1 Jahr =	360 Tage
	1 Monat =	30 Tage

Beispielaufgabe 1:

Berechnen Sie die Zinslaufzeit vom 9.Januar bis 16.Mai.

Ausführliche **Lösung:**

9.1.	bis	30.1.	=	22 Tage
1.2.	bis	30.2.	=	30 Tage
1.3.	bis	30.3.	=	30 Tage
1.4.	bis	30.4.	=	30 Tage
1.5.	bis	16.5.	=	16 Tage
				128 Tage
				- 1 Tag
				127 Tage

Der erste und der letzte Tag zählen jeweils nur als ½ Tag.

Vereinfachte **Lösung:**	9.1.	bis	9.5.	= 4 Monate	= 120 Tage
	10.5.	bis	16.10.	= 7 Tage	= 7 Tage
					127 Tage

Beispielaufgabe 2:

Berechnen Sie die Zinslaufzeit vom 25.März 2007 bis 4.August 2010.

25.3.07	bis	25.3.10	= 3 Jahre	= 1.080 Tage
25.3.10.	bis	25.7.10	= 4 Monate	= 120 Tage
26.7.	bis	4.8.	=	9 Tage
				1.209 Tage

Übungsaufgaben:

1. Berechnen Sie die Zinszeiten.
   a) vom 15.11. bis 18.12.
   b) vom 12.02. bis 01.04.
   c) vom 13.09. bis 31.12.
   d) vom 29.05. bis 23.10.
   e) vom 30.08. bis 22.11.
   f) vom 14.02. bis 29.02.
   g) vom 23.12. bis 28.02.
   h) vom 25.08. bis 12.11.

2. Welche Zeit ist in Ansatz zu bringen vom 18.04.2009 bis zum 25.11.2010?

3. Errechnen Sie die Zinszeiten
   a) vom 28.03.2010 bis 15.08.2010
   b) vom 01.07.2004 bis 20.05.2010
   c) vom 02.07.2006 bis 30.03.2010

6.2. Berechnen der Zinsen

Die Formel zur Berechnung von **Zinsen für Tage**:

$$Z = \frac{K \bullet p \bullet t}{100 \bullet 360}$$

Beispielaufgabe:

Ein Sparguthaben von 3.240,- € wird für 55 Tage mit 4 % verzinst.

Lösung:
$$Z = \frac{K \bullet p \bullet t}{100 \bullet 360} = \frac{3.240 \bullet 4 \bullet 55}{100 \bullet 360} = 19,80\ €$$

Übungsaufgaben:

1. Wie viel Euro Zinsen bringen folgende Guthaben?
   a) 385,- €   bei   4 % Zinsen   in   70 Tagen
   b) 1.532,- €   bei   5 % Zinsen   in   95 Tagen
   c) 1.450,- €   bei   6 % Zinsen   in   74 Tagen
   d) 2.188,- €   bei   7 % Zinsen   in   38 Tagen

2. Ein Sparbetrag in Höhe von 465,00 € steht bis zum Jahresende noch 107 Tage auf dem Konto.
   Wie viel € Zinsen darf der Einzahler erwarten, wenn der Zinssatz 3½ % beträgt?

3. Wie viel € Zinsen bringen folgende Guthaben?
   a) 2.475,00 €   bei 4 ½ % Zinsen   vom 15.12.2009 bis 25.04.2010
   b) 1.876,00 €   bei 5 ¾ % Zinsen   vom 12.11.2007 bis 08.05.2010

4. Sie kaufen für die Marketingabteilung eine Kamera im Wert von 1.750 €. Davon zahlen Sie 400,- € an, der Rest soll in 18 Raten bei 6,5 % Zinsen gezahlt werden.
   a) Wie viel zahlen Sie pro Rate?
   b) Wie teuer wird die Kamera?

5. Eine Rechnung von 580,- €, fällig am 03.Februar, wird erst am 22.August des gleichen Jahres gezahlt.
   a) Wie viel Verzugszinsen sind bei 6,5 % zu zahlen?
   b) Wie lautet der zu überweisende Betrag?

6. Eine Gestalterin hat ein Guthaben von 4.345,- € auf ihrem Sparbuch. Zum Jahresabschluss wurden ihr von der Bank 59,74 € Zinsen gutgeschrieben Für welchen Zeitraum waren die Zinsen bei einem Zinssatz von 5½ % berechnet?

7. Eine Marketing-GmbH muss zur Modernisierung der Werkstatt einen Kredit von 25.000,- € aufnehmen. Der Zinssatz der Bank beträgt 7,5 %. Welcher Betrag ist einschließlich Zinsen am 15.12. zurückzuzahlen, wenn der Kredit am 25.02. gewährt wurde?

6.3. Berechnen des Kapitals, des Zinssatzes und der Zeit

Bei der Zinsrechnung spielen 4 Größen eine Rolle: das Kapital, der Zinssatz, die Laufzeit und die Zinsen.

Soll eine dieser Größen berechnet werden, müssen die drei übrigen bekannt sein. Die Zinsgrundformel ist also entsprechend umzustellen.

Aus der Zinsgrundformel $Z = \dfrac{K \bullet p \bullet t}{100 \bullet 360}$ wird …

$$K = \frac{Z \bullet 100 \bullet 360}{p \bullet t} \qquad p = \frac{Z \bullet 100 \bullet 360}{K \bullet t} \qquad t = \frac{Z \bullet 100 \bullet 360}{K \bullet p}$$

Umstellung nach	Umstellung nach	Umstellung nach
Kapital	**Zinssatz**	**Zeit**

Beispielaufgabe 1:
Welches Kapital bringt in 380 Tagen bei 7,5 % 47,50 € Zinsen?

Lösung: $K = \dfrac{Z \bullet 100 \bullet 360}{p \bullet t} = \dfrac{47,50 \bullet 100 \bullet 360}{7,5 \bullet 380} = \underline{\underline{600,- \text{€}}}$

Beispielaufgabe 2:

Bei welchem Zinssatz zahlt die Bank für ein Kapital von 840,- € in 420 Tagen 49,- € Zinsen.

Lösung: $\quad p = \dfrac{Z \bullet 100 \bullet 360}{K \bullet t} = \dfrac{49 \bullet 100 \bullet 360}{840 \bullet 420} = \underline{\underline{5\,\%}}$

Übungsaufgaben:

1. Ein Lieferer berechnet für eine Rechnung, die 50 Tage zu spät bezahlt wurde, 6 % Verzugszinsen. Das sind 7,- €.
   Wie hoch war der Rechnungsbetrag?

2. Für einen Kredit, den Ihre Agentur zum Kauf einer Maschine genommen hat, sind vierteljährlich 68,40 € Zinsen zu zahlen.
   Wie groß ist der Kredit, wenn die Bank 7,2 % Zinsen berechnet?

3. Die Bank belastet das Konto einer GmbH am Ende der 90-tägigen Laufzeit des zu 6 % Zinsen gewährten Überbrückungskredits mit 75,- € Zinsen.
   Wie hoch ist die jetzt zur Rückzahlung fällige Gesamtsumme?

4. Welcher Sparbetrag bringt in 6 Monaten bei 5 % Zinsen einen doppelt so hohen Zinsertrag wie 1.500,- € zu 7,5 % in 100 Tagen?

5. Ein Lieferer berechnet für eine 40 Tage zu spät bezahlte Rechnung über 540,- € Verzugszinsen in Höhe von 3,60 €.
   Wie viel % Zinsen wurden verlangt?

6. Weil Sie das Portemonnaie vergessen haben, leihen Sie sich bei einem Kollegen für einen Tag 5,- €. Am nächsten Tag will er 6,- € zurückerhalten.
   Ist es ein netter Kollege?

7. Wir zahlen ein Darlehen von 2.400,- € nach 15 Monaten mit 2.625,- € zurück.
   Welcher Zinssatz wurde berechnet?

8. Der Umbau der Schaufensterfront eines Kaufhauses war mit 48.500,- € kalkuliert. 40 % davon wurde durch Kredit gedeckt. Dieser, bei einer Bank am 15.Mai genommen, wurde am 12.Dezember desselben Jahres einschließlich Zinsen mit 20.292,40 € zurückgezahlt.
   Welchen Zinssatz hat die Bank erhoben?

9. Eine Rechnung über 240,- € wird verspätet bezahlt. Dafür werden dem Kunden 6 % Verzugszinsen berechnet, das sind 1,68 €.
Wie viel Tage ist die Rechnung zu spät bezahlt worden?

10. Für ein Darlehen in Höhe von 3.400,- € wurden bei einem Zinsfuß von 4 ½ % insgesamt 3.582,75 € zurückgezahlt.
Wie lange wurde das Darlehen in Anspruch genommen?

11. Zur Kauffinanzierung eines Lieferautos wurde am 1.März ein Kredit von 12.400,- € aufgenommen. Zurückgezahlt wurde der Kredit einschließlich der 6 %-igen Verzinsung mit 13.020,- €.
Wann erfolgte die Zurückzahlung?

12. Ein Kredit von 800,- € ergab bei 3,6 % 3,20 € Zinsen.
Wann endete die Kreditlaufzeit, wenn der Kredit am 25.Februar aufgenommen worden war?

13. Für die Anschaffung von 25 vollbeweglichen Schaufensterfiguren hat die Marketingabteilung eines Warenhauses am 8.Februar einen Kredit von 10.400 € aufgenommen. Die Rückzahlung von insgesamt 10.725 € (Kredit und Zinsen) erfolgte am 8.Juli des gleichen Jahres.
Welchen Zinssatz hat die Bank erhoben?

14. Für den Kauf einer neuen Maschine für die Werkstatt ist die Aufnahme eines Darlehens erforderlich. Eine Bank hat berechnet, dass bei einer Darlehenslaufzeit von 180 Tagen 193,50 € Zinsen anfallen. Das Angebot einer anderen Bank war günstiger, sie nimmt 1 % weniger Zinsen und kommt dadurch auf lediglich 172,- €.
Wie groß ist das benötigte Darlehen?

7.   Mischungsrechnen

Aus unterschiedlichen Gründen wird gemischt. So kann es darum gehen, die Qualität eines bestimmten Materials zu verbessern oder einen gewissen Farbton zu erzeugen. Es ist auch möglich, durch Mischungen einen günstigeren Preis anzustreben. Mischungsrechnen ist also erforderlich, um Durchschnittswerte von Werkstoff- oder Materialmischungen zu ermitteln.

Beispielaufgabe 1:
Berechnen Sie den Preis von 1 kg Mischfarbe, wenn 7 kg Farbe zu 3,16 € je 1 kg und 4 kg Farbe zu 6,02 € für 1 kg gemischt werden.

Lösung:

$$7 \text{ kg} \cdot 3,16 \text{ €} = 22,12 \text{ €}$$
$$\underline{4 \text{ kg} \cdot 6,02 \text{ €}} = \underline{24,08 \text{ €}} \, 1 \text{ kg}$$
$$\text{insgesamt: } 11 \text{kg} = 46,20 \text{ €}$$
$$46,20 \text{ €} : 11 \text{ kg} = 4,20 \text{ €/kg}$$

Antwort:
Ein Kilogramm von der Mischung kostet 4,20 €.

Beispielaufgabe 2:
Der Kilogrammpreis einer Farbmischung soll 3,20 € betragen. Es stehen 2 Farben zur Mischung zur Verfügung. Die eine Sorte kostet 1,60 €/kg und die zweite 4,- €/kg.
Wie muss das Mischungsverhältnis sein?

Lösung:
Die zu mischenden Sorten sind im umgekehrten Verhältnis ihrer Preisdifferenz zur Mischungssorte zu mischen.

1.Sorte: 1,60 € je kg / Unterschied zur Mischung: 1,60 € ⟍⟋ 80
2.Sorte: 4,00 € je kg / Unterschied zur Mischung: 0,80 € ⟋⟍ 160

$$80 : 160 = \underline{\underline{1 : 2}}$$

Antwort:
1 kg zu 1,60 €/kg und 2 kg zu 4,- €/kg ergibt eine Mischung von 3,20 €/kg.

Übungsaufgaben:

1. Wie viel kostet ein Kilogramm, wenn gemischt werden:
   a) 1 kg zu je 2,12 €   mit   1 kg zu je 1,14 €
   b) 2 kg zu je 0,74 €   mit   2 kg zu je 0,46 €
   c) 2 kg zu je 1,50 €   mit   2 kg zu je 3,20 €
   d) 2 kg zu je 0,72 €   mit   1 kg zu je 3,15 €

2. Berechnen Sie die Preise für 1 kg Mischfarbe, wenn folgende Mischungen vorgenommen werden:
   a) 1 kg zu je 3,37 €/kg   mit   9 kg zu je 10,37 €/kg
   b) 6 kg zu je 1,12 €/kg   mit   4 kg zu je   6,42 €/kg
   c) 0,7 kg zu je 8,75 €/kg   mit   1,8 kg zu je 2,25 €/kg
   d) 0,75 kg zu je 1,16 €/kg   mit   0,25 kg zu je 2,80 €/kg

3. Die Mischung eines Spezialklebers soll 4,50 € je kg betragen. Die beiden Einzelkomponenten kosten 2,70 € und 9,90 € je kg.
   Wie viel kg je Sorte sind zu mischen?

4. Zum Aufziehen von Fotos bereiten Sie einen Klebstoff selbst vor. Sie verwenden: 800 g Kleister zu 3,50 €/kg und 2,8 kg Dispersion zu 6,20 €/kg.
   a)   Was kostet der Klebstoff insgesamt?
   b)   Wie viel kostet 1 kg der Mischung?

5. 2 unterschiedliche Farben zu 2,40 € bzw. 9,- € je kg sollen so gemischt werden, dass 1 kg der Mischung 6,- € kostet.

6. Sie mischen 1,5 kg Kleister zu 2,75 €/kg und 4 kg Dispersion zu 71,50 €/kg.
   Wie viel kostet 1 kg des Spezialklebers?

7. Die Bodenfläche eines Messestandes soll den Wünschen des Auftraggebers entsprechend in einem warmen Grauton gestrichen werden. Sie müssen den verlangten Farbton selbst mischen und verwenden dazu:

   15 l Kunstharzlackfarbe titanweiß   9,90 € je   750 ml
   0,8 l Kunstharzbuntlack elfenbeinschwarz   8,40 € je   250 ml
   1,5 l Kunstharzbuntlack kadmiumrot   12,10 € je   750 ml
   1,2 l Verdünnung   4,90 € je 1.000 ml

   a)   Was kostet das gesamte Material?
   b)   Wie viel kostet 1 Liter der Lackfarbenmischung?

8. Der Preis für eine gemischte Farbe ist 6,- € pro kg. Gemischt wurden Farben zu 2,70 €/kg und 9,- €/kg.
   Wie ist das Mischungsverhältnis?

9. Die Wände von 11 gleich großen Schaufenstern sind mit Strukturtapete beklebt. Sie sollen zur Herbsteröffnung mit einer selbst getönten Dispersionsfarbe überstrichen werden. Die Farbe wird von der Gestalterin für visuelles Marketing selbst gemischt. Sie benötigt:

95	kg Dispersions-Innenwandfarbe weiß	3,90 € je kg
6,7	kg Vollton-Abtönfarbe rot	4,60 € je kg
3,5	kg Vollton-Abtönfarbe ocker	4,45 € je kg
2,8	kg Vollton-Abtönfarbe gelb	6,40 € je kg
12	Liter Wasser zur Einstellung der Streichfähigkeit	

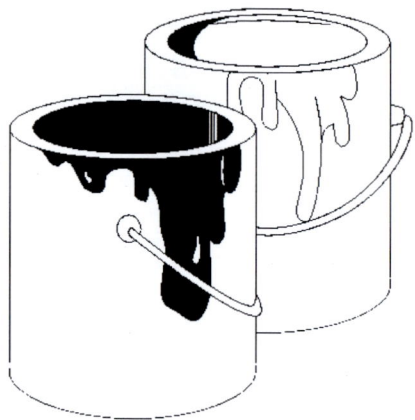

a) Wie teuer ist 1 kg der Farbe?

b) Wie teuer ist die Farbe für ein Schaufenster?

c) Was würde die gesamte Farbe kosten, wenn anstelle der Dispersionsfarbe weiß zu 3,90 € ein billigeres Produkt zum Preis von 2,95 € verwendet wird, damit wegen seiner geringeren Deckfähigkeit der Anstrich jedoch 2 x ausgeführt werden müsste und dementsprechend die doppelte Menge Farbe erforderlich wäre?

d) Was würde die gesamte Farbe (für den zweimaligen Anstrich) kosten, wenn die Preise für Volltonfarben inzwischen um 5 % gestiegen sind?

10. Bei der Kalkulation eines Kundenauftrages kostete laut Listenpreis die benötigte Farbe 6,40 € je kg. Nun ist aber nur welche zu 3,20 € je kg und 12,- € je kg verfügbar. Eine Möglichkeit ist, die Farben so zu mischen, dass ein kg-Preis von 6,40 € entsteht.
In welchem Verhältnis müssen die beiden Farben gemischt werden?

11. Am Lager befinden sich noch 5 kg eines Spezialklebers zu 3,80 € je kg. Da jedoch 7 kg Kleber gebraucht werden, müssen noch 2 kg einer anderen Sorte (kg-Preis 2,40 €) beigemischt werden.

a) Wie viel kostet der Kleber insgesamt?

b) Wie ist bei der Mischung der Preis für 1 kg?

8. Verteilungsrechnen

Das Verteilungsrechnen hat die Aufgabe, eine Gesamtmenge nach einem verein-
barten oder festgelegten oder auch erst zu ermittelndem **Schlüssel** zu verteilen.
Das können Gewinne und Verluste sein oder Kosten und Werkstoffe.

Beispielaufgabe 1:

In einem Kaufhaus fallen monatliche Betriebskosten (Heizung, Elektroenergie,
Reinigung usw.) von insgesamt 109.080,- € an. Diese sollen laut Festlegung auf
die einzelnen Abteilungen entsprechend der jeweiligen Quadratmeterzahl aufgeteilt werden.

Das sind die Abteilungen:

Möbel- und Wohnabteilung	1.400 m²
Bekleidungsabteilung	600 m²
Haushaltwarenabteilung	400 m²
Elektro-Abteilung	550 m²
Marketingabteilung	80 m³
insgesamt also:	3.030 m²

Wie groß ist der Anteil an den Betriebskosten einer jeden Abteilung?

Der **Verteilungsschlüssel** lautet:

$$\text{Verteilerschlüssel} = \frac{\text{Einzelwert}}{\text{Gesamtwert}} \bullet \text{Verteilungsmenge}$$

Lösung:

Möbelabteilung:
$$\frac{1.400 \text{ m}^2}{3.030 \text{ m}^2} \bullet 109.080 \text{ €} = 50.400 \text{ €}$$

Bekleidungsabteilung
$$\frac{600 \text{ m}^2}{3.030 \text{ m}^2} \bullet 109.080 \text{ €} = 21.600 \text{ €}$$

Nach gleicher Vorgehensweise erhalten:

Haushaltwarenabteilung	14.400,- €
Elektro-Abteilung	19.800,- €
Marketingabteilung	2.880,- €

Was aber, wenn mehrere Kriterien bei der Verteilung zu berücksichtigen sind? Wie sieht dann der Bewertungsschlüssel aus?

Dazu **Beispielaufgabe 2:**

2 Auszubildende der Marketingabteilung haben sich erfolgreich an einem Schaufensterwettbewerb beteiligt und 500,- € Prämie bekommen.

A meint, man müsse bei der Verteilung die geleisteten Projektstunden zu Grunde legen.

B ist bereits im 3.Lehrjahr und erhebt deshalb den größeren Anspruch.

Da es zwei lustige Typen sind, einigt man sich, beide Kriterien zu berücksichtigen.

Lösung:

	Lehrjahre	Arbeitsstunden
Azubi A	1	12
Azubi B	3	6
insgesamt:	4	18

Anteil von A: $\left(\dfrac{1}{4} + \dfrac{12}{18} \right) : 2 \bullet 500\ € = \underline{\underline{229,17\ €}}$

Diese „geteilt durch 2" ist notwendig, weil vorher zweimal „Einzelwert durch Gesamtwert" addiert wurde.

Nach gleichem Berechnungsprinzip ergeben sich für B = 270,83 €.

Übungsaufgaben:

1. Die Frachtkosten für das Dekorationsmaterial betragen 94,08 €. Diese Kosten sollen nach der Schaufensterbodenfläche verteilt werden.
   Filiale A = 18,0 m², B = 46,6 m², C = 64,8 m² und D = 94,6 m².
   Welcher Betrag entfällt auf die einzelnen Filialen?

2. Eine Abteilungsleiterin muss noch für vier Filialen das Deko-Material einkaufen. Der Rechnungsbetrag für einen Monat beträgt 1.782,50 €. Nach der Anzahl der Fenster soll der Betrag aufgeteilt werden. Filiale A hat 4, B hat 7, C hat 9 und D hat 11 Fenster.
   Mit welchem Betrag muss sie die einzelnen Filialen belasten?

3. Drei selbständige Schauwerbegestalter kaufen gemeinsam Plakatfarbe ein. K erhält $^1/_3$, L bekommt $^2/_5$ und M den Rest der insgesamt 52,5 kg.
   Wie viel kg erhält jeder?

4. 12.000 € sollen an 3 Filialen zum Kauf von Deko-Material nach folgenden Kriterien verteilt werden:
   nach der Größe Ausstellungsfläche: A = 110 m², B = 80 m², C = 50 m²
   nach den monatl. Umsätzen: A = 110.000 €, B = 120.000 €, C = 65.000 €
   Wie viel € bekommt jede Filiale von den 12.000 €?

5. Ein Kaufhaus beteiligt seine Mitarbeiter am Gewinn und bringt deshalb 4.200,- € für die Beschäftigten der Marketing-Abteilung zur Ausschüttung. Die Anteile der einzelnen Mitarbeiter richten sich erstens nach der Beschäftigungsdauer und zweitens nach dem Jahresgehalt.

Beschäftigte:	A	4 Jahre	Jahresgehalt 21.000,- €
	B	10 Jahre	Jahresgehalt 22.500,- €
	C	6 Jahre	Jahresgehalt 18.000,- €
	D	8 Jahre	Jahresgehalt 24.000,- €
	E	2 Jahre	Jahresgehalt 27.600,- €

   Wie hoch ist der Betrag, den jeder Beschäftigte bekommt?

6. Für die vorbildliche Ordnung an den Arbeitsplätzen und die gewissenhafte Pflege der Werkzeuge und Maschinen bekommen die 3 Auszubildenden am Jahresende vom Chef eine Anerkennung von 600,- €. Zur Aufteilung des Geldes hat er festgelegt, dass der Azubi des 2.Lehrjahres 20 € mehr bekommt als der des 1.Lehrjahres und der des 3.Jahres nochmals 20 € mehr als der des 2.Lehrjahres.
   Wie viel € erhält jeder der 3 Auszubildenden?

9.   Anzeigenpreisberechnung

Gedruckte Anzeigen sind öffentliche Ankündigungen und sollen Informationen, Bekanntmachungen oder Werbebotschaften einer großen Öffentlichkeit vermitteln. Der Betrachter einer solchen gedruckten Publikation hat die Möglichkeit, sich zeitlich unbeschränkt und oft zu informieren. Anzeigen sind deshalb für das visuelle Marketing ein unverzichtbares Medium. Da neben dem Werbeziel und der Werbestrategie das zur Verfügung stehende Budget ein entscheidender Faktor ist, steht oft die Frage: „Was kosten Anzeigen?"

Die Antwort: „Anzeigen sind nur dann teuer, wenn sie keine Wirkung erzielen."

Der Grundpreis einer Anzeige multipliziert sich aus der Millimetermenge und dem Millimeterpreis. Die Millimetermenge ergibt sich aus der Höhe der Anzeige (in mm) und der Zahl der Spalten, die die Breite der Anzeige bestimmen. Der Millimeterpreis ist der Preis für eine Zeile von einem Millimeter Höhe pro Spalte. Die Millimetermenge wird mit dem Millimeterpreis multipliziert. Der Preis für eine Anzeige in einer Zeitung wird somit wie folgt berechnet:

> Anzeigenpreis = Höhe der Anzeige (in mm) • Spaltenanzahl • Millimeterpreis

Daneben gibt es noch eine Reihe von Zuschlägen, z.B. für die Platzierung der Anzeige (Text- oder Anzeigenteil, Umschlagseiten) und für Sonderfarben.

Preisnachlässe sind dagegen Ortsansässigen-, Mengen- und Wiederholrabatte (Malstaffel).

Beispielaufgabe:

Eine dreispaltige einfarbige Anzeige in einem Wochenblatt ist 130 mm hoch. Der Millimeterpreis beträgt bei dieser Zeitung 4,80 €. Die Preisliste sieht bei mindestens fünfmaligem Erscheinen der Anzeige einen Malstaffelrabatt von 6 % vor. Wie teuer (netto) ist eine achtmalige Veröffentlichung der Anzeige?

Lösung:

130 mm • 3 Spalten   =   390 mm • 4,80 € = 1.872,- €
1.872,- € - 6 % Rabatt = 1.759,68 €
1.756,68 € • 8 Veröffentlichungen = 14.077,44 €

Übungsaufgaben:

Anzeigenpreisliste   **Preise für Werbeanzeigen in €**

Seitenanteil	Format/mm Breite	Höhe	1-farbig sw	2-farbig	3-farbig	4-farbig
1/1 Seite hoch	182	251	1220,-	1418,-	1616,-	1814,-
3/4 Seite quer	182	185	948,-	1146,-	1344,-	1542,-
2/3 Seite quer hoch	182 119,5	167 251	856,-	1057,-	1255,-	1453,-
1/2 Seite quer hoch	182 88	124 251	673,-	871,-	1069,-	1267,-
1/3 Seite quer hoch	182 57	80 251	467,-	665,-	963,-	1061,-
1/4 Seite quer hoch	182 88	58 123	382,-	580,-	778,-	976,-
1/6 Seite quer hoch	182 57	40 127	280,-	430,-	580,-	730,-
1/8 Seite quer hoch	182 57	30 95	225,-	325,-	425,-	525,-

- **Beilagen:** bis 25 g 1260,- (auch in Teilauflagen möglich) Kongressausgabe 6000 Exemplare max.Beilagenformat 205 x 290 mm
  Einhefter/Einkleber: auf Anfrage

- **Farbzuschläge*):** je 279,- €
- **Platzierungszuschläge/ Vorzugsplätze:** Umschlagseiten (U2, U3, U4) plus 10 %

*) **nicht** rabattierfähig

Rabattstaffel für Werbeanzeigen (Abnahmezeit 1 Jahr)		**Preise für Stellenanzeigen** je mm Höhe 1-spaltig (Spalten-breite 88 mm)	
Malstaffel	**Mengenstaffel**	Stellenangebote	3,00 €
3 Anzeigen 5 %	3 Seiten 10%	Stellengesuche	2,00 €
5 Anzeigen 10 %	6 Seiten 15 %	Weitere Rubrikanzeigen	3,00 €
12 Anzeigen 15 %	12 Seiten 20 %	**Chiffregebühren** 8,00 € inkl. Porto/Versand	

Zahlungsbedingungen:
3 % Skonto bei Zahlung auf Vorausrechnung; 2 % Skonto bei Zahlung innerhalb von 14 Tagen ab Rechnungsdatum; netto innerhalb von 30 Tagen

Die Aufgaben 1 – 3 und 10 der nachfolgenden Seite sind unter Verwendung dieser Anzeigenpreisliste zu bearbeiten.

1. Berechnen Sie anhand der auf der Vorseite abgebildeten Preisliste den Anzeigenpreis für eine ¼ Seite quer 3-farbig zusätzlich einer Sonderfarbe bei einer fünfmaligen Schaltung!

2. Eine vierspaltige Anzeige (Stellenangebot eines Unternehmens) ist 135 mm hoch und wird achtmal veröffentlicht.
   Welchen Preis hat das Unternehmen für diese Serie zu zahlen?

3. Wie teuer kommt einem Industriebetrieb die dreimalige Veröffentlichung einer $^3/_4$ – seitigen sw-Anzeige, wenn diese auf der 2.Umschlagseite platziert werden soll?

4. Berechnen Sie den Brutto-Gesamtpreis einer mehrteiligen Anzeigenserie entsprechend der nachfolgend abgebildeten Anzeigenpreisliste.
   Folgende Anzeigen wurden geschaltet:

   • am Donnerstag im Anzeigenteil:
     1 vierfarbige Anzeige, vierspaltig, 120 mm hoch
     1 blatthohe (487 mm), einspaltige, einfarbige Anzeige

   • am Sonnabend im Textteil:
     2 einfarbige Anzeigen, zweispaltig, 60 mm hoch
     1 blattbreite (6 Spalten) einfarbige Streifenanzeige, 100 mm hoch
   Dem Kunden werden 4 % Mengenstaffelrabatt und bei Vorauszahlung 2 % Skonto eingeräumt. Die Mehrwertsteuer beträgt 19 %.

Grundpreise	Mo bis Fr			Sa und So		
€/mm	schwarz /weiß	1 Zusatz-farbe	2 – 3 Zusatz-farben	schwarz /weiß	1 Zusatz-farbe	2 – 3 Zusatz-farben
Anzeigenteil	3,85 €	4,70 €	5,45 e	4,05 €	4,95 €	5,70 €
Textteil	13,30 €	16,35 €	18,85 €	13,95 €	17,05 €	19,65 €

5. Der Anzeigenteil einer Zeitschrift ist 8-spaltig gesetzt. Für eine Werbeaktion eines Ihrer Kunden haben Sie eine Anzeige entworfen, die in der Breite über 5 Spalten gehen würde und 284 mm hoch wäre. Da Ihr Kunde allerdings über nur einen begrenzten Etat verfügt, müssen Sie Ihren Entwurf proportional auf 3 Spalten Breite verringern.
   Wie viel € werden dadurch eingespart, wenn der mm-Preis 4,70 € beträgt?

6. Ein Unternehmen verspricht sich durch eine Anzeigenschaltung in einer Fachzeitschrift, werbewirksam auf seine Präsenz während einer Messe hinzuweisen. Das Journal erscheint in einer Auflagenhöhe von 80.000 Exemplaren. Der gesamte Werbeetat Ihres Kunden beträgt 55.000 €. Vorgesehen sind eine sw- und eine farbige Anzeige. Eine $^1/_1$-Seite, sw, kostet netto 5.580 €, für die $^1/_1$-Seite farbig wird eine Zuschlag von 28 % erhoben.
   a) Berechnen Sie den Tausenderpreis für $^1/_1$ Seite sw.
   b) Wie viel kosten (ohne MwSt.) die sw- und die farbige Anzeige? Berechnen Sie, wie viel Prozent des Werbeetats für diese Anzeigenaktion eingesetzt werden.

7. Berechnen Sie den Rechnungsbetrag inkl. MwSt. für folgende Anzeigen in einer Tageszeitung mit beigefügtem Auszug aus der Anzeigenpreisliste. Der 6-spaltige Satzspiegel beträgt 385 mm x 545 mm bei einem Spaltenzwischenschlag von 5 mm.
   a) je eine 4-spaltige 4c-Anzeige im
      Format 190 mm x 110 mm und 190 mm x 75 mm
   b) ¼ Seite Hochformat, 1-farbig
   c) $^1/_6$ Seite 1-spaltig, 2-farbig

Farben	1c	2c	3c	4c
mm-Preis (EUR)	1,16	1,38	1,61	1,80

8. Welche Kosten (ohne MwSt.) entstehen einem Kunden für die nachfolgend beschriebene Anzeigenaktion:
   1 Anzeige (4-farbig, 3-spaltig, 300 mm hoch) in der Gesamtausgabe
   3 Anzeigen (1-farbig, 4-spaltig, 150 mm hoch) in der Hauptausgabe
   2 Anzeigen (2-farbig, 3-spaltig, blatthoch) in der Lokal- und Hauptausgabe

Preisliste einer Tageszeitung (Anzeigenteil)
Anzeigenpreise in € für einen mm pro Spalte

Ausgabe	Grundpreis sw-Anzeige	Grundpreis bei 1 Zusatzfarbe	Grundpreis bei 2 Zusatzfarben	Grundpreis bei 3 Zusatzfarben
Gesamtausgabe	3,10	3,75	4,37	4,96
Hauptausgabe	2,59	3,18	3,74	////////
Lokalausgabe	0,72	0,93	////////	////////

| Satzspiegel: | 324 mm x 487 mm |
| Anzeigenteil: | Spaltenbreite 42 mm, Spaltenanzahl 7 |

9. In der Zeitschrift „Der Handel" soll ein Jahr lang eine Anzeige erscheinen. Die Anzeige ist 2-farbig, 3-spaltig und 120 mm hoch. Die Anzeige soll auf der 3.Umschlagseite erscheinen.

Anzeigenpreisliste „Der Handel"

Millimeterpreis je Spalte: 2,90 €

Platzierungszuschlag:
für 3. und 4 Umschlagseite jeweils 300,00 € (nicht rabattfähig)

Aufschlag pro Farbe: 640,00 €

Erscheinungsweise: monatlich

Wiederholungsrabatte innerhalb eines Jahres
ab 3 Anzeigen 3 %, ab 6 Anzeigen 10 %;

kein Rabatt auf Platzierungs- und Farbzuschlag

Berechnen Sie mit Hilfe obiger Preisliste den Preis für den Gesamtauftrag.

10. Ihre Marketingabteilung übernimmt für ein Unternehmen die Bewerbung der Präsentation eines neuen Produktes. Sie schlagen dem Kunden vor, in einem monatlich erscheinenden Fachjournal ein Jahr lang eine Anzeige zu veröffentlichen. Entsprechend Ihres Entwurfes wird die Anzeige 2-farbig und 182 mm x 80 mm groß.
(Verwenden Sie die Anzeigenpreisliste von der Seite 59 des Lehrbuches.)
   a) Berechnen Sie den Anzeigenpreis der gesamten Staffel einschließlich möglicher Rabatte. Die Zahlung erfolgt innerhalb von 14 Tagen ab Rechnungsdatum. (MwSt. unberücksichtigt lassen!)
   b) Wie viel € können gespart werden, wenn eine Vorauszahlung erfolgen würde?
   c) Um den begrenzten Etat Ihres Kunden zu entlasten, streben Sie an, den Großhandel bei dieser Werbeaktion zu beteiligen. Ihr Vorschlag sieht vor, dass Ihr Kunde $^5/_8$ und der Großhandel die restlichen $^3/_8$ tragen. Berechnen Sie die einzelnen Kostenanteile, wenn beide im Voraus zahlen.

10.   Rechnen mit Maßstäben

Technische und Bauzeichnungen, Entwurfsskizzen, Lagepläne, Karten usw. sind eine Wiedergabe der Wirklichkeit in veränderter (meistens verkleinerter) Wiedergabe. Dabei entspricht die Maßstabangabe immer dem Verhältnis:

Wiedergabe zur Wirklichkeit.

So ist z.B. 1 : 5 ein Verkleinerungsmaßstab, weil 1 Maßeinheit auf der Zeichnung (Wiedergabe) 5 Einheiten in der Natur (Wirklichkeit) entsprechen. Dagegen wäre 5 : 1 eine vergrößerte Darstellung, denn 5 Maßeinheiten auf der Zeichnung sind 1 Einheit in der Realität.

Die gesuchte Länge muss also erst durch Multiplikation bzw. umgekehrt, durch Division, umgerechnet werden.

Beispielaufgabe 1:

Die Breite eines Messestandes misst auf der Zeichnung (Maßstab 1 : 100) 24 cm. Wie breit ist er in der Realität?

Lösung:

1 : 100 bedeutet. 1 cm Zeichnung entspricht 100 cm Natur.
Also, die Länge der Zeichnung ist mit 100 zu multiplizieren.
24 cm • 100 = 2.400 cm = 24 m

Beispielaufgabe 2:

Ein 150 cm x 150 cm großes Dekorationselement soll im Maßstab 1 : 19 entworfen werden.
Wie groß ist die Dekoration auf der Zeichnung?

Lösung:

1 : 10 heißt, dass die Wirklichkeit zehnmal größer ist als die Wiedergabe bzw. umgekehrt, die Darstellung auf der Zeichnung entspricht dem 10.Teil der Realität.
150 cm : 10 = 15 cm

Die zeichnerische Darstellung ist also 15 cm x 15 cm.

Übungsaufgaben:

1. Bestimmen Sie von der Länge 4,80 m die Zeichnungsmaße bei den Maßstäben a) 1 : 10, b) 1 : 25, c) 1 : 50 und d) 1 : 100!

2. Eine Linie ist auf der Zeichnung 21,3 cm lang.
    Bestimmen Sie die wirklichen Längen bei den Maßstäben
    a) 1 : 5,   b) 1 : 10,   c) 1 : 25   und   d) 1 : 50

3. Eine Strecke von 150 cm soll im Maßstab 1 : 5 gezeichnet werden.
    Wie lang ist sie auf der Zeichnung?

4. Ein quaderförmiges Dekorationselement hat folgende Kantenlängen:
    124 cm x 78 cm x 52 cm.
    Wie groß muss es im Maßstab 1 : 4 gezeichnet werden?

5. In einer Entwurfszeichnung, die im Maßstab 1 : 20 erstellt wurde, ist eine Dekoration 14,6 cm x 24,8 cm groß.
    Wie groß ist die Dekoration in Wirklichkeit?

6. Ein Ausstellungsstand von 9 m x 3,75 m soll im Maßstab 1 : 25 gezeichnet werden.
    Berechnen Sie die Maße auf der Zeichnung!

7. Eine Dekoration mit einer Höhe von 2,80 m ist auf der Zeichnung 14 cm groß.
    In welchem Maßstab wurde die Zeichnung angefertigt?

8. Für die Gestaltung der Rückwand einer Bühne (6,85 m x 2,88 m)steht als Vorlage ein Foto im Format 360 mm x 240 mm zur Verfügung. Die Reproduktion des Fotos soll so vorgenommen werden, dass die Höhe der Bühne ausgefüllt wird.
    Entscheiden Sie, mit welchem Maßstab reproduziert werden muss:
    a)   1 : 12
    b)   12 : 1
    c)   1 : 120
    d)   120 : 1

11.　Nutzenberechnung

Um ein zu verarbeitendes Material optimal nutzen zu können, muss ausgerechnet werden, wie viele Exemplare (Nutzen) eines anzufertigenden Elementes sich aus dem zur Verfügung stehenden Material fertigen lassen.

Bedenke: Höhere Nutzenzahl bedeutet Einsparung an Materialkosten.

Beispielaufgabe:
Aus einem Karton (140 cm x 200 cm) sollen Dekorationselemente im Format 32 cm x 55 cm geschnitten werden.
Wie viel solcher Elemente erhält man?

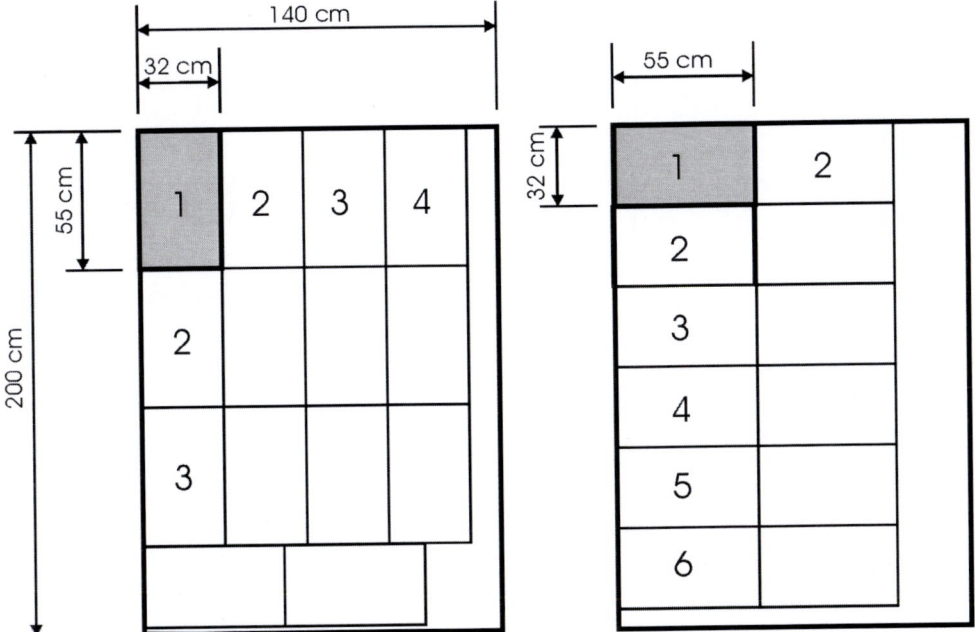

Zeichnerische Lösung
Die Ermittlung der größtmöglichen Nutzenzahl kann mit einer maßstabgerechten Zeichnung vorgenommen werden. Dieses ist jedoch sehr aufwändig.
Deshalb empfiehlt sich eine …

Rechnerische Lösung

Karton	$140 \bullet 200$		$140 \bullet 200$	
geteilt durch	$\underline{32 \bullet 55}$		$\underline{55 \bullet 32}$	
	$4 \bullet 3$	= 12 Nutzen	$2 \bullet 6$	= 12 Nutzen

Reststreifen: 12 cm x 165 cm   30 cm x 200 cm

140 cm x   35 cm   110 cm x   8 cm

Aus dem Reststreifen **140 cm x 35 cm** können noch **2 Nutzen** im Querformat angeordnet werden (140 : 55 = 2, …; also 2 zusätzliche Nutzen).

Antwort:

14 Dekorationselemente lassen sich bei maximaler Ausnutzung des Materials herstellen.

Übungsaufgaben:

1.   Wie viel Nutzen im Format 25 cm x 31 cm lassen sich aus einem Karton 96 cm x 128 cm schneiden? Verwenden Sie gegebenenfalls auch die Reststreifen.

2.   Wie viel MDF-Platten im Format 122 cm x 172 cm werden für das Zuschneiden von 60 Elementen im Format 28 cm x 44 cm benötigt?

3.   Für das Schneiden von 1.000 Preisschildern stehen Kartonbogen im Format 64 cm x 96 cm zur Verfügung.
Wie viel Bogen sind notwendig, wenn das Preisschild das Format 16 cm x 25 cm haben soll?

4.   Für eine Warenmesse sollen 2.500 Aufkleber im Format 18 cm x 24 cm aus Selbstklebefolie (100 cm x 140 cm) geschnitten werden.
Wie viel Bogen sind dafür notwendig?

5.   Wie viel Handzettel im Format 19 cm x 24 cm erhält man aus einem Bogen 70 cm x 100 cm, wenn ein Reststreifen ggf. genutzt wird?
Wie viel Quadratzentimeter Papierabfall entsteht dabei?

6.   Wie viel Kleinplakate 30 cm x 37 cm kann man aus 50 Bogen 70 cm x 100 cm schneiden, wenn man die Reststreifen mit verwendet?
Wie viel Verschnitt (cm^2 und Prozent) muss man in Kauf nehmen?

7. Sie benötigen 50 Plakate in der Größe 42 cm x 56 cm. Es steht Ihnen Plakatkarton in der Größe 100 cm x 140 cm zur Verfügung.
Wie viel Kartonbogen benötigen Sie bei günstigstem Zuschnitt für diesen Auftrag?

8. Zur Herstellung von 30 Dekorationselementen (62 cm x 82 cm) stehen Ihnen Sperrholzplatten im Standardformat 2,50 m x 1,70 m zur Verfügung.
   a. Berechnen Sie den Bedarf an Sperrholzplatten. Der Verschnitt ist dabei möglichst gering zu halten.
   b. Berechnen Sie den Verschnitt in Prozent.

9. Zum Aufziehen von rechteckigen Signets in der Größe 9 cm x 17 cm sollen Kartonunterlagen geschnitten werden. Um jedes Signet ist ein 50 mm breiter Kartonrand an allen vier Seiten vorgesehen.
Wie viel Unterlagen lassen sich aus einem A1-Rohformat-Bogen (61 cm x 86 cm) schneiden?

10. Sie benötigen 60 Kleinplakate in der Größe 28 cm x 37 cm. Es steht Ihnen Karton im Format 100 cm x 140 cm zur Verfügung. Ermitteln Sie die Zahl der Bogen, die Sie zur Anfertigung der Plakate benötigen.

11. Für eine Marketing-Aktion werden 80 Kleinplakate im A2-Format (42 cm x 59,4 cm) benötigt. Für deren Herstellung stehen Kartonbogen in der Größe 115 cm x 150 cm zur Verfügung.
    a. Ermitteln Sie die erforderliche Anzahl an Kartonbogen, wenn Sie die Plakate von Hand zuschneiden und den günstigsten Zuschnitt wählen.
    b. Wie viel Prozent Verschnitt ergeben sich bei den verarbeiteten Kartonbogen?

12. Für eine Dekoration während der Adventzeit werden 25 rechteckige Elemente aus Holz benötigt, jedes mit der Fläche von 80 cm x 100 cm. Diese werden aus 3,2 mm starken Hartfaserplatten mit den Maßen 2,44 m x 1,22 m und einem m²-Preis von 1,89 € her.
    a. Berechnen Sie, wie viel Platten zur Verfügung stehen müssen. (Der Verschnitt soll so gering wie möglich sein.)
    b. Berechnen Sie den Verschnitt in Prozent.
    c. Berechnen Sie die Netto-Kosten einer Platte und die Gesamtkosten.

12. Goldener Schnitt

Der goldene Schnitt, im Altertum auch als „göttliche Proportion" bezeichnet, ist ein besonderes Teilungsverhältnis von zwei Teilstrecken, Zahlen oder Größen zueinander. Dieses Verhältnis beträgt 1 : 1,618 und erzeugt dadurch eine ästhetische, harmonische, ausgewogene Wirkung.

Bereits die Pythagoreer (6.Jh. v. Chr.) haben solche in der Natur vorkommenden „Wohlgefälligkeiten" erkannt und versuchten daraus Gesetzmäßigkeiten abzuleiten. In der Folgezeit spiegelten sich die gewonnenen Erkenntnisse in der Musik (Terz, Quinte, Oktave) und später in der Kunst sowie Architektur (Renaissance) wider. Der goldene Schnitt ist auch heute noch ein oft eingesetztes gestalterisches Element.

Das Verhältnis des goldenen Schnittes beruht auf einer einfachen Regel:

**Die kürzere Strecke verhält sich zur längeren
wie die längere zur ganzen ungeteilten Strecke.**

Diese Regel wird durch folgende Zahlenreihe veranschaulicht:

2 : 3 : 5 : 8 : 13 : 21 : 34 : 55 usw.

Die Teilungsverhältnisse **5 : 8** und **8 : 13** haben sich in der Praxis bewährt. (Wir arbeiten mit 5 : 8.)

Minor	:	Major	=	Major	:	Gesamtstrecke
5	:	8	=	8	:	13

Die häufigsten Anwendungen des goldenen Schnitts

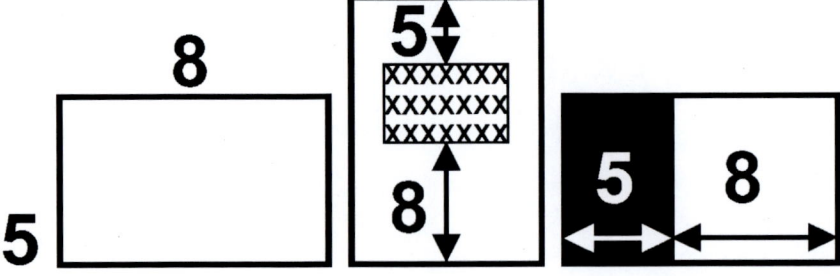

1. Die Seiten des Objektes stehen zueinander im goldenen Schnitt. (Querformat 8 : 5 und Hochformat 5 : 8)
2. Ein Bild oder Textblock wird so auf eine Unterlage gesetzt, dass die Ränder oben und unten im Verhältnis 5 : 8 stehen.
3. Eine Fläche oder eine Strecke werden so geteilt, dass die einzelnen Abschnitte im Verhältnis des goldenen Schnittes stehen.

Konstruktion des goldenen Schnittes mit Lineal und Zirkel

Die konstruktive Teilung einer Strecke im Verhältnis des goldenen Schnittes ist mit mehreren Methoden möglich. Das nachfolgend beschriebene Verfahren mit der inneren Teilung ist wegen seiner Einfachheit eines der beliebtesten.

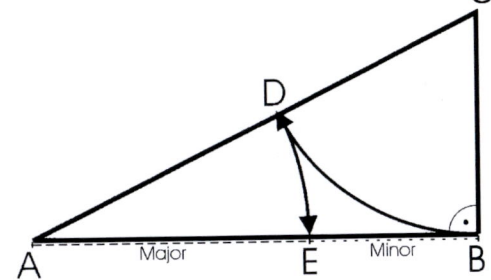

1. Zunächst errichte ich im Punkt B der Strecke AB eine Senkrechte mit der halben Länge von AB. Es entsteht der Hilfspunkt C.

2. Um den Punkt C schlage ich einen Kreisbogen mit dem Radius BC.

3. Ich verbinde nun die Punkte A und C und erhalte dadurch einen Schnittpunkt D mit dem Kreisbogen.

4. Abschließend schlage ich um A einen Kreisbogen mit dem Radius AD, der die Strecke AB im Punkt E schneidet. Die konstruierten Teilstrecken AE und EB entsprechen dem Verhältnis des goldenen Schnittes.

Rechnerische Lösung

Beispielaufgabe 1:

Eine 2,21 m lange Holzleiste ist so in 2 Teile zu zersägen, dass diese dem Verhältnis des goldenen Schnittes entsprechen.

Lösung:

2,21 m : (8 + 5) = 0,17 m/Teil; Minor: 0,17 m • 5 Teile = 0,85 m

Major: 0,17 m • 8 Teile = 1,36 m

Beispielaufgabe 2:

Eine rechteckige Wanddekoration wird in einer Breite von 120 cm benötigt.
Wie viel cm hat sie nach dem goldenen Schnitt hoch zu sein, wenn sie a) im Hochformat und b) im Querformat angebracht werden soll?

Lösung: a):

$$5 : 8 = 120 : x$$
$$5x = 960$$
$$x = 192 \text{ cm}$$

b):

$$8 : 5 = 120 : x$$
$$8x = 600$$
$$x = 75 \text{ cm}$$

Übungsaufgaben:

1. Teilen Sie folgende Strecken nach dem goldenen Schnitt.
   a) 1,56 m;   b) 2,73 m;   c) 6,96 m

2. Bei einem anzufertigenden Schaufensterelement im Querformat sollen die Seiten im Verhältnis des goldenen Schnittes zueinander stehen.
   Wie hoch muss dieses Teil werden, wenn für die Breite 2,20 m vorgesehen sind?

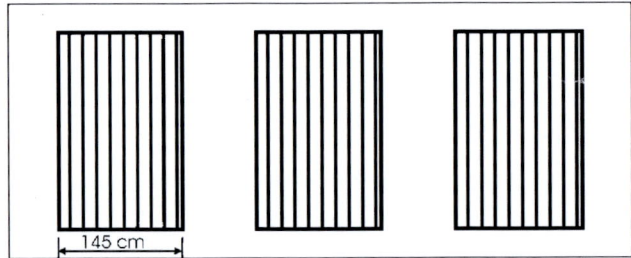

3. An der Rückwand einer Eventbühne sollen 3 gleichgroße rechteckige Dekorationselemente im Hochformat angebracht werden. Jedes Element hat eine Breite von 145 cm.
   Wie hoch müssen die Dekorationselemente sein, damit sie den Maßverhältnissen des goldenen Schnittes entsprechen?

4. Die Rückwand eines Verkaufsstandes soll zweifarbig gestrichen werden, wobei die beiden Farbflächen dem Verhältnis des goldenen Schnittes entsprechen. Die Rückwand ist 3,38 m hoch.
   Wie hoch werden die beiden Farbflächen?

70

5. Ein PVC-Belag soll durch ein farbiges Zwischenfries belebt werden. Außen- und Zwischenfries sollen den Proportionen des goldenen Schnittes entsprechen.
   a) Wie breit wird der Außenfries (Major), wenn für den Zwischenfries 15 cm vorgesehen sind?
   b) Wie breit wird der Zwischenfries (Minor), wenn der Außenfries 32 cm breit ist?

6. Die Rückwand eines 5,25 m breiten Schaufensters soll durch ein andersfarbiges Zwischenteil belebt werden. Die beiden Außenteile sind gleich breit und stehen jeweils zu dem schmaleren Zwischenstück im Verhältnis des goldenen Schnittes.
   Wie breit sind die einzelnen Teile?

7. Bei einem gerafften Vorhang sollen die beiden Schals so übereinander dekoriert werden, dass der mittlere (überdeckte) Abschnitt der Dekoration (Minor) zu dem Maß jeder der beiden äußeren Abschnitte (Major) den Proportionen des goldenen Schnittes entspricht. Die Fertigbreite der Dekoration beträgt 3,78 m.

   Berechnen Sie das Maß des überdeckten Abschnittes an der Gardinenschiene und die Breite des Raffschals.

8. Für die Rückwandgestaltung eines Ausstellungsstandes steht eine Panorama-Fototapete in der Größe 4,05 m x 2,70 m zur Verfügung. Aus ästhetischer Sicht soll diese im Goldenen-Schnitt-Format angebracht werden.
   Wie viel cm kann von der Höhe abgeschnitten werden, wenn die ganze Breite von 4,05 m genutzt werden soll? Oder reicht die Höhe der Tapete vielleicht gar nicht?

9. An einem 15,20 m hohen Giebel eines Betriebsgebäudes ist das kreisrunde Firmenlogo (Durchmesser 6,10 m) so anzubringen, dass die Abstände oben und unten den Werten des goldenen Schnittes entsprechen.
   Wie groß sind diese beiden Abstände?

13.   Reproduktionsberechnung

Fotos, Grafiken oder andere Abbildungen stehen selten in der Größe und dem Format zur Verfügung, wie sie später, z.B. bei einer Dekoration, Verwendung finden soll. Durch fotomechanisches bzw. elektronisches Bearbeitungsverfahren müssen die Vorlagen auf die gewünschte Größe reproduziert werden.

Merke:

- Bei Formatangaben wird nicht das Malzeichen verwendet, sondern das „x". (Ein A-4-Blatt z.B. hat das Format 21 cm **x** 29,7 cm.)

- Es wir **immer** zuerst die Breite genannt. (Breite x Höhe)

- Größenangaben beim Reproduzieren beziehen sich immer auf die Breite und die Höhe, nie auf die Fläche.
  (Ein Bild 5-fach vergrößern heißt, die Breite und die Höhe werden 5mal größer, nicht der Flächeninhalt)

- Breite und Höhe verändern sich beim Reproduzieren proportional, das Seitenverhältnis bleibt somit unverändert.

- Reproduktionsmaßstäbe werden angegeben als

- **Abbildungsfaktor**
  (Faktor 3 bedeutet 3-fache Vergrößerung; 0,7 bedeutet eine Verkleinerung auf $^7/_{10}$)
  Errechnet werden kann der Abbildungsfaktor, indem Repro-Breite durch Vorlagenbreite geteilt wird, bzw. Repro-Höhe durch Vorlagenhöhe.

- **Prozentualer Maßstab**
  (prozentualer Maßstab = Abbildungsfaktor x 100 %; also bei Faktor 3 heißt das, 3 x 100 % = Vergrößerung auf 300 %; Faktor 0,7 ist demzufolge eine Verkleinerung auf 70 %)

- **Abbildungsverhältnis**
  (z.B. 1 : 3 bedeutet eine Verkleinerung auf $^1/_3$; 3 : 1 ist eine Vergrößerung auf das 3-fache, also auf 300 %; vgl. dazu Abschnitt „Maßstab")

72

Beispielaufgabe 1:

Eine Vorlage im Format 100 mm x 70 mm ist auf das Dreifache zu vergrößern.

Zeichnerische Lösung

Dieses ist jedoch sehr aufwändig und häufig wegen der Größe nicht praktikabel.

100

70 Vorlage

100 x 3 = 300

70 x 3 = 210

Reproduktion
3-fache
Vergrößerung

Rechnerische Lösung

Breite 100 • Faktor 3 = 300 mm   } Repro : 300 mm x 210 mm
Höhe   70 • Faktor 3 = 210 mm

Beispielaufgabe 2:

Ein Foto (210 mm x 148 mm) soll so vergrößert werden, dass die Reproduktion einen Schaufensterhintergrund (4,50 m x 2,50 m) in der Höhe ausfüllt.
Wie breit wird die Reproduktion?

Lösung: als Dreisatz: 148 mm (Höhe der Vorlage) = 2,50 m (Höhe der Repro)
            210 mm (Breite der Vorlage) = x m (Breite der Repro)

als Verhältnisgleichung:

$$\frac{\text{Breite der Vorlage}}{\text{Höhe der Vorlage}} = \frac{\text{Breite der Repro}}{\text{Höhe der Repro}}$$

$$\frac{210 \text{ mm}}{148 \text{ mm}} \diagup\!\!\!\!\!\times \frac{x \text{ m}}{2,50 \text{ m}}$$

$$x = \frac{210 \bullet 2,5}{148} = 3,547... \approx 3,55 \text{ m}$$

Übungsaufgaben:

1) Ein 400 mm x 280 mm großes Bild soll auf das 8,5-fache vergrößert werden. Wie groß wird die Reproduktion?

2) Welche Höhe hat die Reproduktion der Vorlage (72 cm x 51 cm) beim Maßstab 0,7?

3) Eine Vorlage im Format 16 cm x 26 cm wurde auf eine Breite von 48 cm vergrößert.
Wie hoch ist die Vergrößerung?

4) Eine Fotografie von 18 cm x 28 cm wird auf 360 % vergrößert, auf Pappe aufgezogen und mit Folie kaschiert.
Welche Kosten fallen an, wenn 1 m² aufziehen und kaschieren 22,40 € kostet?

Wegfall und Ergänzen

In den meisten Fällen stimmen die Seitenverhältnisse der Vorlage und der benötigten Reproduktionsgröße nicht überein. Diese müssen deshalb einander „angepasst" werden.

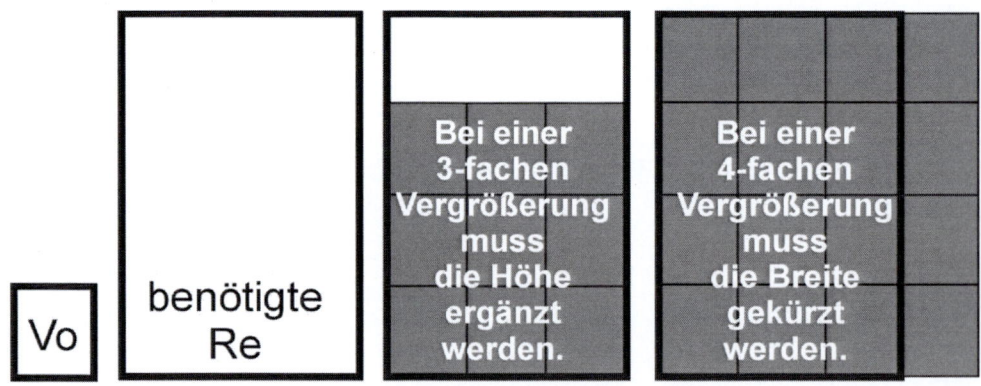

Es soll aus der (links) abgebildeten Vorlage ein Plakat im gewünschten Format gestaltet werden. Nun kann in 2 Varianten reproduziert werden: Man richtet sich nach der Breite, was eine 3-fache Vergrößerung bedeutet. Da sich auch die Höhe verdreifacht, wird nicht das gewünschte Format erreicht, es muss die Höhe ergänzt werden. Richtet man sich dagegen bei der Reproduktion gleich nach der Höhe, die vervierfacht wird, entsteht eine zu große Breite, die jedoch durch Abschneiden korrigiert werden kann.

74

Beispielaufgabe 2:

Eine 42 cm x 21 cm große Fotografie ist für die Gestaltung der gesamten Schaufensterrückfront zu vergrößern. Diese ist 4,90 m breit und 2,20 m hoch.

a. An welcher Seite der Reproduktion müssen wie viel Zentimeter abgeschnitten werden?

b. Da motivbedingt nichts abgeschnitten werden darf, muss an der zu kurzen Seite ergänzt werden, an welcher Seite und um wie viel Zentimeter?

Lösung:

Da die Abänderung (theoretisch) an der Breite oder an der Höhe möglich sein kann, wir wissen es ja noch nicht, sind zunächst beide Varianten zu berechnen.

Lösung mit der Verhältnisgleichung: $\dfrac{\text{Breite (Vo)}}{\text{Höhe (Vo)}} = \dfrac{\text{Breite (Re)}}{\text{Höhe (Re)}}$

Möglichkeit 1:

42 cm = 4,90 m
21 cm = x m

$x = 2,45\,\text{m} \left(\text{Höhe Re}\right)$

Möglichkeit 2:

42 cm = x m
21 cm = 2,20 m

$x = 4,40\,\text{m} \left(\text{Breite Re}\right)$

Auswertung der Ergebnisse:
Bei der Möglichkeit 1 bekäme die Reproduktion eine Höhe von 2,45 m. Das Schaufenster ist jedoch nur 2,20 m hoch, so dass von der Höhe der Repro 25 cm abgeschnitten werden könnten. (Das wäre die Lösung der Aufgabe a,)
Bei Möglichkeit 2 hätte die Repro eine Breite von 4,40 m. Da das Schaufenster jedoch 4,90 m breit ist, fehlen 50 cm, die ergänzt werden müssten. (Lösung b)

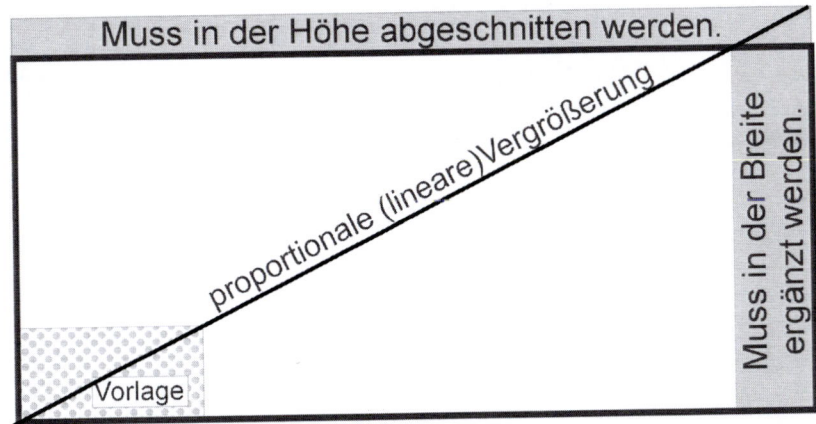

Übungsaufgaben:

1. Eine Kleinbildaufnahme (24 mm x 36 mm) ist auf eine Höhe von 99 cm zu vergrößern.
   a. Wie viel cm misst die Breite des Bildes?
   b. Mit welchem Maßstab muss vergrößert werden?

2. Eine Vorlage, 60 mm x 90 mm, soll vergrößert und für eine Schaufenstergestaltung verwendet werden. Das anzufertigende Dekorationselement muss 1,50 m x 1,80 m sein. Ein Vergleich der beiden Formate, Vorlage und Deko-Element, lassen erkennen, dass beide in ihren Seitenverhältnissen nicht übereinstimmen. Die Vergrößerung muss also erst passend geschnitten werden.
   a. Welche Seite ist um wie viel cm zu kürzen?
   b. Wie viel cm² gehen dadurch von der Reproduktion verloren?
   c. Wie viel % des Vorlagenbildes werden somit nicht wiedergegeben?

3. Für die Gestaltung eines Standes auf der Fachmesse wird ein Bild benötigt, das 4,20 m breit und 2,19 m hoch ist. Die Vorlage, die zur Anfertigung der benötigten Reproduktion vorliegt, ist 40 cm x 27 cm groß. Da beide Formate in ihren Proportionen nicht übereinstimmen, muss nach der Vergrößerung eine Seite des Bildes beschnitten werden.
   Wie viel cm entfallen an welcher Seite?

4. Die Rückwand eines Schaufensters ist 6,00 m x 3,60 m groß. Eine Grafik im Format 90 mm x 60 mm soll so vergrößert werden, dass die Höhe des Fensters ausgefüllt wird.
   Wie viel cm ist das Schaufenster breiter als die Reproduktion?

5. Zur Anfertigung eines Dekorationselementes benötigen Sie eine Fotokopie in der Größe 1,35 m x 1,05 m. Ein Aquarell im Format 36 cm x 25 cm dient als Vorlage.
   Wie viel cm entfallen von welcher Seite der Reproduktion?

6. Nach einem Farbdia, Format 126 mm x 174 mm, sollen für eine Werbeaktion Plakate im Hochformat DIN A2 (42 cm x 59,4 cm) im Siebdruckverfahren hergestellt werden.
   Wie viel mm von welcher Seite des Dias werden nicht wiedergegeben?

14.   Flächen

Ein Gestalter für visuelles Marketing hat täglich mit geometrischen Flächen und Körpern zu tun (z.B. Wände und Böden von Schaufenstern und Messeständen, Aufsteller, Werbe- und Dekorationselemente u.a.m.). Die Berechnung von Flächen, Körpern und des Umfangs dieser Ressourcen ist unabdingbare Voraussetzung für eine optimale Material- und damit Kostenplanung, - sie ist ein wichtiger Bestandteil der Kalkulation.

14.1.   Rechteck

Die rechteckige Fläche ist in der PR eine sehr häufig verwendete Form. Prospekte, Flyer, Plakate, Werbetafeln und –wände, Räume, Gebäudefassaden und Schaufensterfronten – überall ist das Rechteck dominierend.

Merke:

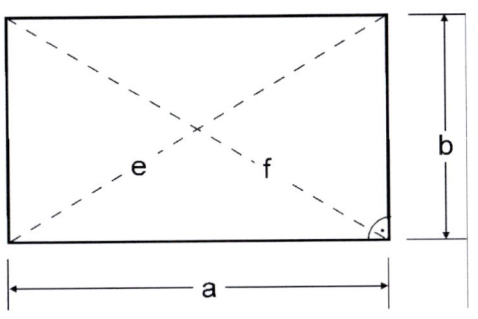

- Ein Rechteck besteht aus 4 Seiten, von denen a und b meist unterschiedlich lang sind.

- Gegenüberliegende Seiten sind gleich lang und parallel.

- Die beiden Diagonalen sind gleich lang und halbieren einander.

- Alle 4 Innenwinkel sind gleich groß. (90° = rechte Winkel)

Formeln:

Flächeninhalt:	A	$= \quad a \bullet b$
Flächenumfang:	u	$= \quad 2(a + b)$
Diagonale:	e	$= \quad \sqrt{a^2 + b^2}$

Beispielaufgabe:

In der Teppichabteilung eines Kaufhauses soll ein rechteckiges Podest mit Auslegware bespannt und diese mit einer umlaufenden Messingschiene befestigt werden. Das Podest ist 6 m lang und 4,50 m breit.
Wie viel m² Teppich und wie viel m Messingschiene werden benötigt?

Lösung:

$A = a \bullet b$ $\qquad\qquad\qquad$ $u = 2 (a + b)$

$A = 6\ m \bullet 4,50\ m$ $\qquad\quad$ $u = 2 (6\ m + 4,50\ m)$

$A = \underline{\underline{27,00\ m^2}}$ $\qquad\qquad\quad$ $u = \underline{\underline{21,00\ m}}$

Übungsaufgaben:

1. Die Bodenfläche eines Schaufensters ist 4,20 m breit und 2,50 m tief.
    Wie viel m² Bodenfläche sind zu bearbeiten?

2. Ein rechteckiges Festgelände ist 114 m lang und 52 m breit und muss in Vorbereitung eines Events gemäht und mit einem Geländer eingezäunt werden.
    Wie viel m² sind zu mähen und wie lang wird das Geländer?

3. Um einen rechteckigen Messestand (8,40 m x 14,50 m) soll eine 2 m breite Wegefläche farbig gekennzeichnet werden. Für einen m² Wegefläche werden 0,35 Liter Farbe benötigt
    Wie viel Liter sind bereitzustellen?

4. Für eine werbliche Nutzung steht die abgebildete Informationstafel zur Verfügung.
    Wie viel m² Fläche können bei einer beidseitigen Gestaltung genutzt werden, wenn das Maß 4,70 m x 2,50 m ist?

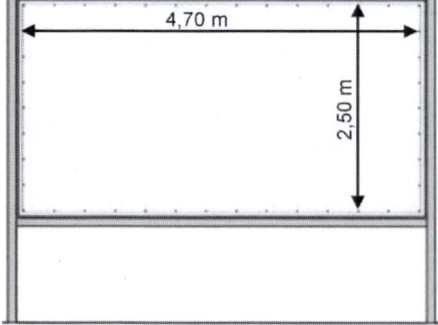

5. Eine rechteckige Wand mit den Maßen 8,40 m x 2,80 m soll tapeziert werden.
    Wie groß ist die zu bearbeitende Fläche, wenn eine Tür (1,10 m x 2,45 m) abgezogen werden kann?

6. Die beiden Seitenwände und die Rückwand eines Schaufensters sollen mit Vliesfasertapete tapeziert und anschließend gespachtelt werden. Das Schaufenster ist 5,80 m breit, 2,60 m tief und 3,00 m hoch.
Berechnen Sie den Rechnungsbetrag in € für den Bedarf an Vliesfasertapete, wenn eine Rolle 25,80 € kostet! Das Rollenmaß ist 20 m x 0,75 m.

7. 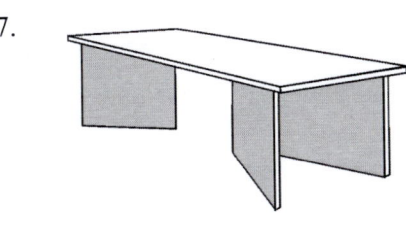 Für einen Konferenztisch (L x B: 5,60 m x 1,60 m) ist eine Decke zu nähen, die auf allen Seiten des Tisches 20 cm herunterhängen und am Rand mit einer Borte eingefasst werden soll.
Berechnen Sie den Bedarf an Stoff (m²) und an Borte (m)!

8. Ein rechteckiger Messestand (5,25 m breit und 4,85 m breit) soll einen Bodenbelag erhalten.
Wie viel m² Bodenbelag und wie viel lfd. m Sockelleisten werden benötigt?

9. Für eine Außenwerbung müssen 3 Hängeschilder in der Größe 3,75 m x 2,52 m angefertigt werden. Hergestellt werden sie aus MDF-Platten, die einen Rahmen aus Leisten erhalten.
Wie viel m² MDF-Platten und wie viel lfd. m Leiste werden gebraucht, wenn bei den Leisten wegen der Gehrungen mit einem Verschnitt von 5 % kalkuliert wird?

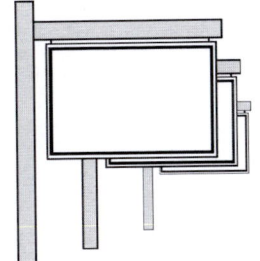

10. In einem rechteckigen Raum werden 22,26 m² Bodenbelag verlegt. Der Raum hat eine Länge von 5,30 m.
Wie viel lfd. m Sockelleisten werden benötigt, wenn eine Tür von 1,10 m ausgespart werden kann?

11. 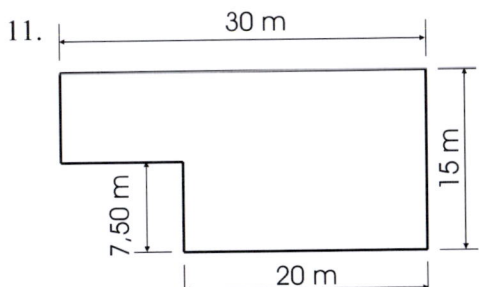 Der Mietpreis für den Standplatz auf einer Messe beträgt 124,- €/m².
Was kostet eine Firma nebenstehend abgebildete Standfläche?
(Zerlegen Sie die Figur so, dass Sie „berechenbare" Rechtecke erhalten.)

12. Ein Kunstdruck im Format 300 mm x 250 mm dient als Vorlage für die Gestaltung eines Schaufensterhintergrundes. Dazu wird dieser auf eine Größe von 4,20 m x 3,50 m reproduziert.
Um das Wievielfache vergrößert sich der Flächeninhalt des Kunstdruckes?

13. Anlässlich eines Firmenjubiläums sollen an der Straße vor dem Gebäude 3 Fahnenbanner aufgestellt werden. Sie erhalten den Auftrag zur Anfertigung dieser Fahnenbanner. Jede Fahne hat eine Fläche von 8,25 m² und ist 1,50 m breit. Beim Nähen der Fahnen müssen diese an allen vier Seiten umkettelt werden.
Wie viel m Kettelnaht sind insgesamt zu nähen?

14. Ein 28 m langer und 1,50 m hoher Bauzaun ist zu Werbezwecken bemalt und beschriftet worden. Damit diese Gestaltung wetterfest wird, ist sie mehrmals mit entsprechendem Lack zu überstreichen. Es ist noch Farbe für ca. 150 m² vorhanden.
Wie oft kann der Bauzaun gestrichen werden?

15.

Aus einer Holzplatte (60 x 60 cm) werden 2 Rechtecke (je 15 x 40 cm) ausgesägt.
Wie viel cm² Holz sind übrig geblieben?

15 cm
15 cm
60 cm
40 cm
60 cm

16. Ein Quadratmeter Tischlerplatte (3-fach, Stabmittellage, 22 mm stark) kosten beim Holzgroßhandel 18,70 €. Es wurden 25 Platten, Breite 125 cm, Länge 250 cm.
Wie viel EUR sind zu überweisen, wenn der Rabattabzug 12 %, die Mehrwertsteuer 19 % und der Skontoabzug 2,5 % beträgt?

17. Um das Podest eines Messestandes mit der Fläche 3,50 m x 5,00 m wird rundherum im Abstand von 2 m ein Seil zur Absperrung gestellt.
Wie lang ist das Absperrseil?

16. Für die Instandsetzung und Überarbeitung von 25 Werbeaufstellern ist die benötigte UV-stabile Antireflex Schutzfolie zu bestellen. Die Werbefläche einer jeden Seite misst 58 cm x 83 cm.
Wie viel m² dieser Folie sind erforderlich?

19.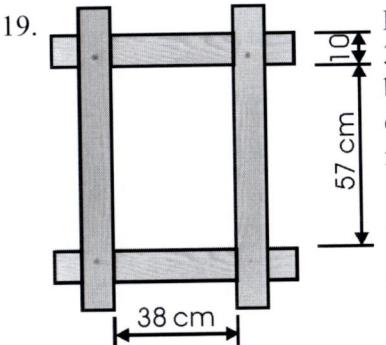

Für das Aufhängen von 3 Plakaten in der Größe 38 cm x 57 cm werden Holzrahmen aus 10 cm breiten Leisten gefertigt, die aus Tischlerplatten erst noch zugesägt werden müssen. Die einzelnen Seiten des Rahmens stehen an jedem Ende 10 cm über. (Siehe Abbildung!)

a) Wie viel m² Holz werden für diese Rahmen verarbeitet?

b) Tischlerplatten (13 mm dick) kosten 20,70 €/m². Wie teuer ist das Material für die 3 Rahmen?

20. Im Materiallager der Marketingabteilung sind 9 Regale mit der Grundfläche 4,80 m x 2,50 m so angeordnet, dass jedes Regal gerade noch mit einem 1,10 m breiten Raum zum Begehen umgeben ist.
Wie viel m² Wegfläche stehen in diesem Lagerraum noch zur Verfügung?

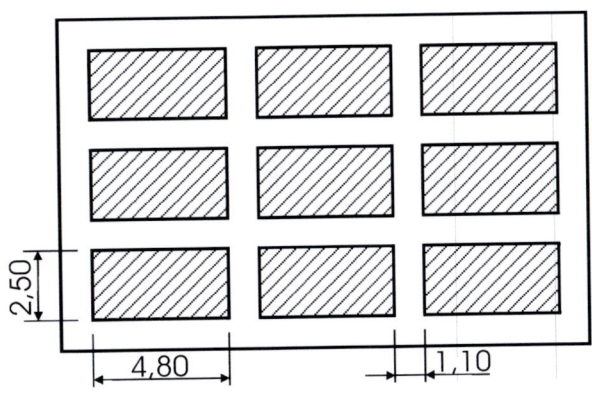

21. Ein Festplatz für eine Freiluftveranstaltung muss aus Sicherheitsgründen mit Absperrschildern umstellt werden. Lediglich ein 6 m breiter Durchgang bleibt frei.
Wie viel Begrenzungsschilder werden gebraucht, wenn der Festplatz 84 m x 57 m groß ist und die Absperrteile eine Breite von 3 m haben?

14.2.   Quadrat

Das Quadrat ist ein regelmäßiges Viereck und stellt eine Sonderform des Rechteckes dar.

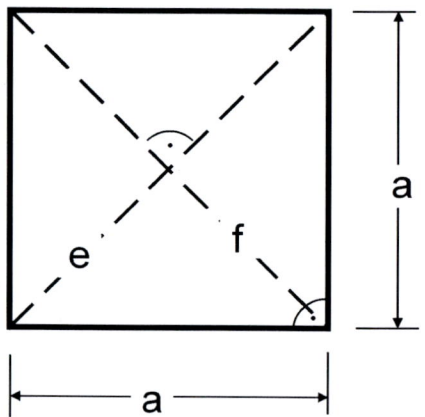

Merke:

- Ein Quadrat besteht aus 4 Seiten, die alle gleich lang sind.

- Die beiden Diagonalen sind gleich lang, halbieren einander und stehen senkrecht aufeinander.

- Alle 4 Innenwinkel sind gleich groß. (90° = rechte Winkel)

Formeln:

Flächeninhalt:	$A = a \bullet a$ oder $A = a^2$
Flächenumfang:	$u = 4 \bullet a$
Diagonale:	$e = \sqrt{2} \bullet a$

Beispielaufgabe:

Ein Hocker mit quadratischer Sitzfläche soll neu bezogen werden. Die Seitenlänge des Hockers ist 43 cm. Um die Sitzfläche soll eine Möbelkordel genäht werden.
Wie viel m² Bezugsstoff werden gebraucht, wenn auf allen Seiten 1 cm Nahtzugabe hinzugerechnet wird?
Wie viel m Kordel sind erforderlich?

Lösung:

$$A = a \cdot a \text{ oder } A = a^2 \qquad u = 4 \cdot a$$
$$A = 0,45 \text{ m} \cdot 0,45 \qquad u = 4 \cdot 0,43 \text{ m}$$
$$A = \underline{\underline{0,2025 \text{ m}^2}} \qquad u = \underline{\underline{1,72 \text{ m}}}$$

Übungsaufgaben:

1. Die Bodenfläche eines Schaufensters wird mit quadratischen Platten ausgelegt.
Wie viel m² Bodenfläche können mit 120 Platten ausgelegt werden, wenn sie eine Seitenlänge von 35 cm haben?

2. In der Kinderabteilung eines Warenhauses wird eine Spielfläche eingerichtet und mit Teppichboden ausgelegt. Die Fläche ist 5,20 m x 5,20 m groß.
Wie viel m² Teppich und wie viel lfd. m Messingschienen zur Befestigung ringsherum werden benötigt?

3. Der Umfang eines quadratischen Sitzkissens ist 2,32 m.
Wie groß (m²) ist die Sitzfläche des Kissens?

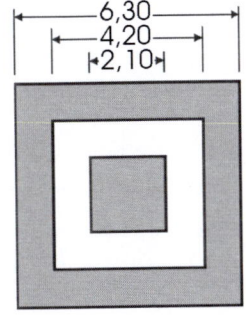

4. Ein quadratisches Messepodest hat eine Seitenlänge von 6,30 m. Es soll entsprechend der Zeichnung zweifarbig mit Teppichboden belegt werden. Die inneren Quadrate sind 4,20 m und 2,10 m breit.
Berechnen Sie den Bedarf an hellem und dunklem Bodenbelag.

5. In einem quadratischen Raum mit der Seitenlänge von 7,45 m soll der Fußboden neu gestrichen werden.
Wie viel kg Farbe sind erforderlich, wenn auf 1 m² 175 g aufgetragen werden?

6. Für die Gestaltung eines Kinderspielplatzes steht eine quadratische Fläche von 1.600 m² zur Verfügung. Ihr Konzept sieht vor, davon einen 3 m breiten umlaufenden Streifen als Weg anzulegen und nur die in der Mitte liegende Fläche mit Rasen und Spielgeräten auszustatten.
Berechnen Sie die Größe der Rasen- und der Wegfläche.

7. Aus einem A0-Karton (Größe: 850 mm x 1.220 mm) sollen Quadrate mit der Seitenlänge 250 mm geschnitten werden.
   a) Wie groß sind der Flächeninhalt und der Umfang eines Quadrates?
   b) Wie groß sind der Flächeninhalt und der Umfang aller Quadrate?
   c) Wie groß (in cm² und %) ist der Verschnitt?

8.  Hocker mit einer quadratischen Sitzfläche (Kantenlänge = 65 cm) müssen neu bezogen werden. Zur Befestigung und für die Naht ist auf allen Seiten eine Zugabe von 2 cm hinzuzurechnen. Um die Sitzfläche wird eine Kordel genäht, die zum Versäubern der Enden 2 cm länger sein muss.
   a. Wie viel m² Stoff werden für die 15 Hocker benötigt?
   b. Am Lager sind noch 50 m Kordel. Reicht diese für die Fertigstellung der 15 Hocker?

9. Eine 8 m x 3 m große Wandfläche soll gestrichen werden. In der Wand sind 3 quadratische Fenster mit der Kantenlänge von 2 m;
   a. Wie groß ist die zu streichende Wandfläche?
   b. Wie viel lfd. m Fensterrahmen sind zu überarbeiten?

10. Für 3 Fotos (je 30 cm x 30 cm), die in einem Schaufenster aufgehängt werden sollen, werden 15 cm breite Rahmen aus MDF-Platten gesägt, die dann mit Furniertapete beklebt werden.
   Wie viel cm² sind mit Furniertapete zu bekleben?

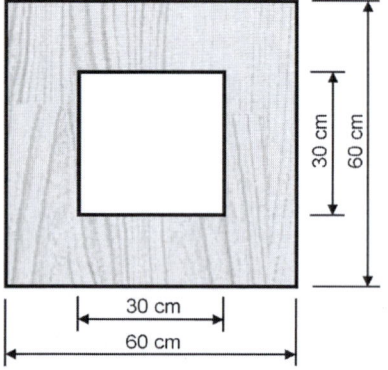

14.3. **Parallelogramm** (Rhomboid)

Das Parallelogramm ist ein „verschobenes" Rechteck.

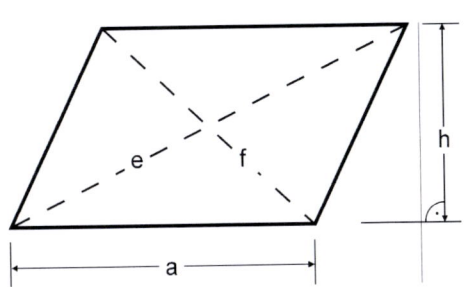

Formeln:

Flächeninhalt: $A = a \bullet h_a$ oder $A = b \bullet h_b$

Flächenumfang: $u = 2 \bullet (a + b)$

Beispielaufgabe:

Ein Parallelogramm weist folgende Maße auf: a = 115 cm
b = 63 cm
h = 58 cm
Wie groß sind der Flächeninhalt und der Umfang?

Lösung:

$A = a \bullet h$
$A = 115 \text{ cm} \bullet 58 \text{ cm}$
$A = \underline{\underline{6.670 \text{ cm}^2}}$

$u = 2 \bullet (a + b)$
$u = 2 \bullet (115 \text{ cm} + 63 \text{ cm})$
$u = \underline{\underline{356 \text{ cm}}}$

Übungsaufgaben:

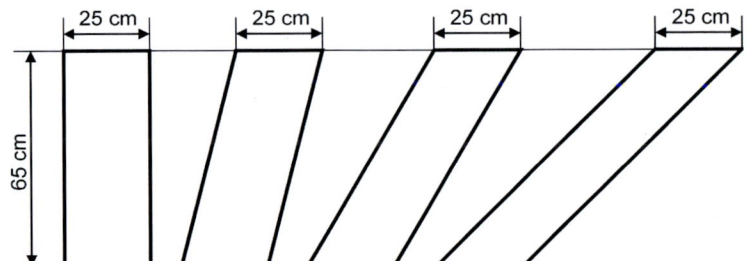

1. Berechnen Sie von den 4 Parallelogrammen den Flächeninhalt!
    Vergleichen Sie die Ergebnisse!

2. Ein Parallelogramm 16,8 cm lang und 6,5 cm hoch.
    Welchen Flächeninhalt hat dieses Parallelogramm?

3. Von einem Parallelogramm sind die Seite a = 2,80 m und der Flächenin-
    halt A = 2.35 m² bekannt.
    Berechnen Sie die Höhe des Parallelogramms.

4. An einem Treppenaufgang eines Kaufhau-
    ses befindet sich nebenstehende, dem Trep-
    penverlauf angepasste Wandfläche, die für
    Werbezwecke genutzt und deshalb gestaltet
    werden soll.
    Berechnen Sie den Inhalt dieser Fläche?

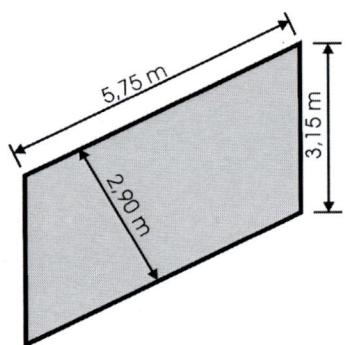

5. 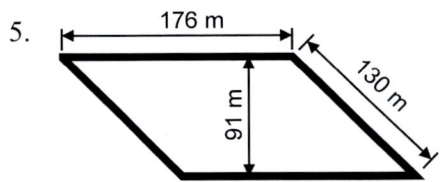 Ein Festplatz hat die Form und Maße des
    abgebildeten Parallelogramms.
    Wie groß ist die Fläche in ha?
    Wie lang wird eine Umzäunung, wenn ein
    Eingang von 3 m frei bleibt?

86

6. Die Seitenwände einer Fahrtreppe sind hervorragend als Werbeträger geeignet.
Berechnen Sie, wie viel m² Werbefläche bei einer solchen Wand zur Verfügung stehen!

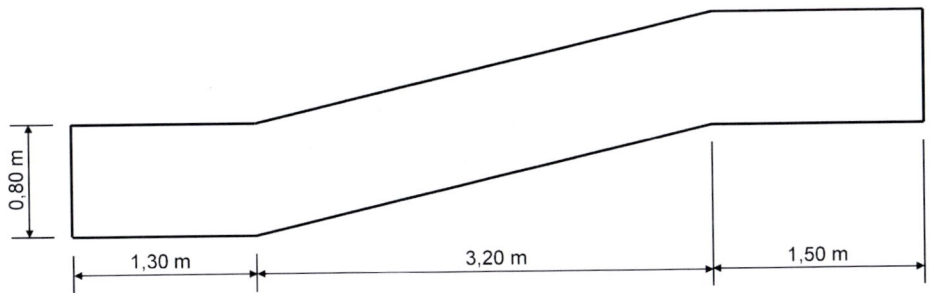

7. Eine Marketingabteilung hat die Vermarktung der Wandflächen im Treppenhaus eines öffentlichen Gebäudes für Werbezwecke übernommen. Deshalb haben Sie folgenden Werbeslogan angebracht: „Hier ist Ihre Werbefläche! Diese Fläche = 4 m² = 530,- €."
(Die Größe des Werbebanners wurde in der Abbildung eingefügt.)
Welchen Fehler hat die Marketingabteilung gemacht?

14.4. Rhombus (Raute)

Der Rhombus, auch Raute genannt, ist eine Sonderform des Parallelogramms.

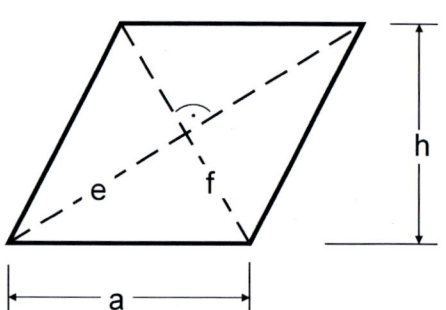

Merke:

- Ein Rhombus ist ein Parallelogramm mit 4 gleich langen Seiten.

- Die beiden Diagonalen stehen senkrecht aufeinander und halbieren sich.

- Gegenüberliegende Winkel sind gleich groß.

Formeln:

Flächeninhalt: $A = a \bullet h$ oder $A = \dfrac{e \bullet f}{2}$

Flächenumfang: $u = 4 \bullet a$

Beispielaufgabe:

Berechnen Sie von einem Rhombus mit den Maßen a = 1,04 m und h = 0,85 m den Flächeninhalt (A) und den Umfang (u) der Figur!

Lösung:

$A = a \bullet h$ $u = 4 \bullet a$

$A = 1,04\ m \bullet 0,85\ m$ $u = 4 \bullet 1,04\ m$

$A = \underline{\underline{0,884\ m^2}}$ $u = \underline{\underline{4,16\ m}}$

Übungsaufgaben:

1. Berechnen Sie den Flächeninhalt und den Flächenumfang einer Raute, bei der die Seitenlänge mit 1,70 m und die Höhe mit 1,32 m angegeben sind!

2. Um eine Raute mit der Seitenlänge a = 95,5 cm soll eine Borte angenäht werden.
   Wie viel m Borte sind erforderlich, wenn noch 2 cm zum Besäubern und Vernähen hinzu gegeben werden müssen?

3. Wie groß ist der Umfang einer Raute, die einen Flächeninhalt von 0,945 m² besitzt 90 cm hoch ist?

4. Für eine Dekoration werden 12 Elemente gebraucht, die jeweils aus einem regelmäßigen Fünfeck (Pentagon) bestehen und mit 5 dunkelfarbigen Rauten (a = 40 cm; h = 38 cm) beklebt sind.
   Wie viel m² der farbigen Klebefolie werden für die insgesamt 12 Dekorationselemente benötigt?

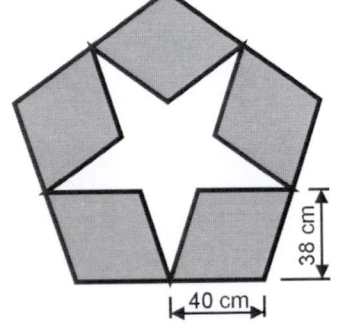

5. In einen Teppichboden soll eine andersfarbige Intarsie eingearbeitet werden, die die Form einer Raute hat. Diese hat die Maße: a = 87 cm; h = 68 cm.
   Wie viel m² Teppichboden muss für diese Intarsie bereitgestellt werden, wenn wir mit einem Verschnitt von 10 % kalkulieren?

6. Sie erhalten den Auftrag, bei 4 Kleintransportern eines Fuhrunternehmens das Firmenlogo beidseitig anzubringen und die dazu benötigte selbstklebende Plotterfolie zu kalkulieren. Das Logo stellt einen stilisierten Pfeil dar, der sich aus 4 gleichgroßen Rauten und einem Rechteck zusammensetzt.
   Eine Raute hat die Seitenlänge von 30 cm und sie ist 24 cm hoch, das Rechteck ist 96 cm x 17 cm groß.
   Wie viel € (netto) müssen für diese Folie eingeplant werden, wenn wir mit 10 % Verschnitt rechnen und der m² 4,75 € kostet?

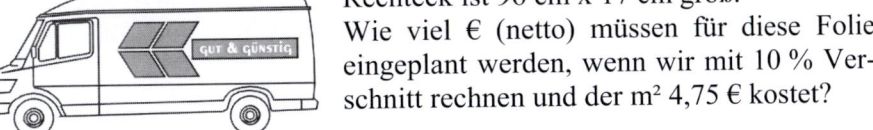

14.5. Trapez

Das Trapez hat eine Fläche, die von 4 Seiten eingegrenzt ist. Damit gehört es zu den Vierecken.

Merke:

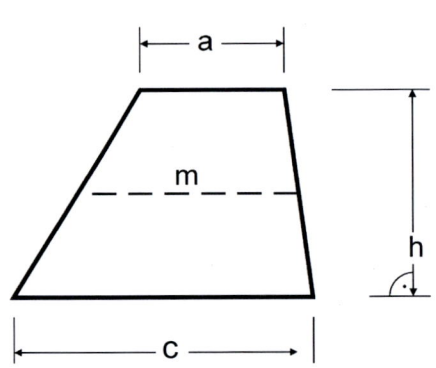

- Das Trapez ist ein unregelmäßiges Viereck, bei dem 2 Seiten parallel zueinander verlaufen. Diese beiden Seiten werden auch als Grund- und Deckseite bezeichnet.

- Die beiden angrenzenden Linien heißen Schenkel.

- Die Höhe des Trapezes ist der Abstand zwischen den beiden parallelen Seiten.

Formeln:

Flächeninhalt: $A = \dfrac{a + c}{2} \bullet h$ oder $A = m \bullet h$

Flächenumfang: $u = a + b + c + d$

Beispielaufgabe:
Ein Hocker mit trapezförmiger Sitzfläche soll gepolstert und bezogen werden. Die Maße für den Stoff sind: vordere Kante 46 cm, hintere Kante 40 cm, Sitztiefe 50 cm (Die Zugaben wurden bei den angegebenen Maßen bereits berücksichtigt.) Wie groß ist der Stoffbedarf in m²?

Lösung: $A = \dfrac{a + c}{2} \cdot h \;=\; \dfrac{46\text{ cm} + 40\text{ cm}}{2} \cdot 50\text{ cm}$

$A = \underline{\underline{2.150\text{ cm}^2}} = \underline{\underline{0,215\text{ m}^2}}$

Übungsaufgaben:

1.   Berechnen Sie die fehlenden Größen der Trapeze!

	a)	b)	c)	d)
a	6,7 cm	10 cm	4,20 m	8 dm
c	5,3 cm	6,8 cm		6 dm
h	5 cm		6,50 m	6,4 dm
A		37,5 cm²	26 m²	

2.   Berechnen Sie den Flächeninhalt und den Umfang folgender Trapeze:
    a.   a = 35 cm; b = 30 cm; c = 28 cm; d = 29 cm; h = 29 cm
    b.   a = 9 m; b = 5,32 m; c = 3 m; d = 4,72 m; h = 4 m

3.   Die Maße eines Profilholzes mit trapezförmiger Schnittfläche sind 36 cm bzw. 18 cm die parallelen Kanten und 24 cm die Dicke des Holzes.
Berechnen Sie den Flächeninhalt der Schnittfläche.

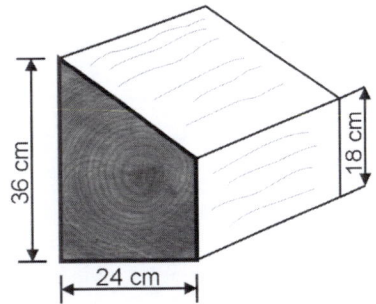

4.   Für einen Tisch mit trapezförmiger Platte soll eine Tischdecke angefertigt werden, Die Tischdecke soll auf allen Seiten des Tisches 20 cm herunterhängen. Der Rand der Decke wird mit einer

Borte umnäht, (Die Maße des Tisches: lange Seite 140 cm, kurze Seite 70 cm; Breite 62 cm)
Wie viel m² Stoff und wie viel Meter Borte werden verarbeitet?

5.

Alle 4 Sitzbretter des Sandkastens auf einem Kinderspielplatz müssen erneuert werden. Die Länge eines Brettes ist 90 cm und 150 cm, breit ist es 30 cm. Der Quadratmeterpreis beträgt 32,80 €.
Wie viel kostet das Holz?

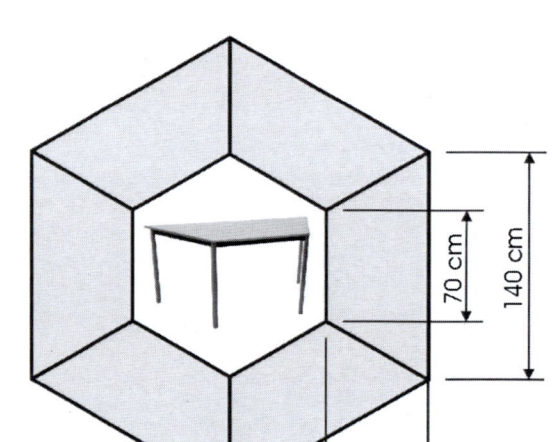

6.

Tische in Trapezform werden zu einem Konferenztisch zusammengestellt. Die parallelen Tischkanten messen 140 cm bzw. 70 cm, die Breite des Tisches beträgt 62 cm. Wie viel m² Tischfläche stehen zur Verfügung?

7. Aus einer Tischlerplatte (16 mm x 2.050 mm x 2.600 mm) können bei günstiger Materialausnutzung 2 Stück trapezförmiger Dekorationselemente ausgesägt werden. (Siehe Skizze!) Die Maße der Trapeze sind: $a = 1.250$ mm; $c = 850$ mm; $h = 1.800$ mm.
Berechnen Sie den Verschnitt in Prozent.

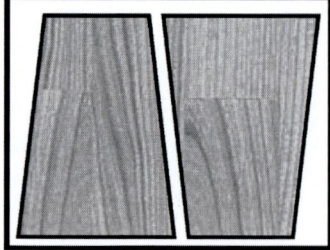

014.6.   Dreieck

Dreiecke haben 3 Seiten und 3 Winkel. Die Eckpunkte werden mit großen Buchstaben, die diesen gegenüber liegenden Seiten mit den dazugehörenden kleinen Buchstaben und die Innenwinkel mit griechischen Buchstaben bezeichnet.

Merke:

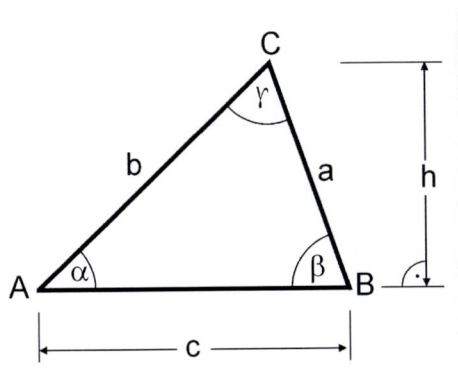

- Wir unterscheiden nach gleichseitigen, gleichschenkligen und ungleichseitigen Dreiecken sowie nach spitzwinkligen, rechtwinkligen und stumpfwinkligen Dreiecken.

- Die Höhen stehen immer senkrecht auf der Grundlinie.

- Die Summe der Innenwinkel beträgt 180°.

Formeln:

Flächeninhalt: $A = \dfrac{c \bullet h_c}{2}$

Flächenumfang: $u = a + b + c$

Beispielaufgabe:

Berechnen Sie vom abgebildeten Dreieck den Flächeninhalt und den Umfang!

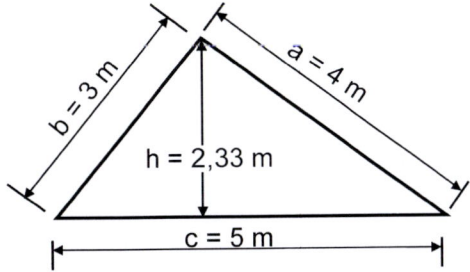

Lösung:

$$A = \frac{c \cdot h_c}{2} = \frac{5\,m \cdot 2,33\,m}{2} = \underline{\underline{11,65\,m^2}}$$

$$u = a + b + c$$
$$u = 5\,m + 4\,m + 3\,m = \underline{\underline{12\,m}}$$

Übungsaufgaben:

1. Die Maße eines Dreiecks betragen: Grundlinie (a) = 1,40 m und die Höhe auf der Grundlinie (h) = 90 cm.
   Berechnen Sie den Flächeninhalt in m²!

2. Wie groß ist der Flächeninhalt eines Dreiecks, wenn a = 22 cm und h_a = 22 cm betragen?

3. Berechnen Sie den Flächeninhalt (in m²) von einem Dreieck mit den Maßen c = 13,4 dm und h_c = 92 cm.

4. Ein Dreieck hat einen Flächeninhalt A = 18,9 cm². Die Grundlinie misst 7 cm.
   Wie ist die Höhe dieses Dreiecks?

5. 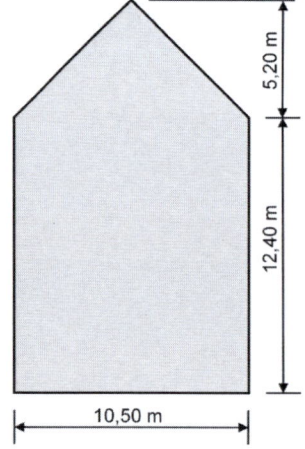 Die abgebildete Giebelwand soll für Werbezwecke gestaltet werden. Zuvor ist sie erst einmal zu streichen.
   Wie viel m² Giebelfläche sind das?

6. Ein dreieckiges Podest eines Messestandes wird mit Teppichboden belegt. Wie viel m² Teppich sind notwendig, wenn das Podest 4,80 m breit ist (Grundlinie a des Dreiecks) und 3,20 m Tiefe besitzt (Höhe auf a)?

7. Für eine Seriendekoration in Vorbereitung der Bade-saison werden insgesamt 110 Wimpelketten zu je 30 Wimpel hergestellt. Die Wimpel haben die Form gleichschenkliger Dreiecke, sind an der Grundseite 25 cm breit und in der Höhe sind sie 42 cm.

Wie viel m² Stoff werden für diese Wimpelketten verarbeitet und wie viel m Kettelnaht sind erforderlich, wenn jeder Wimpel auf allen drei Seiten umnäht werden muss?

8. Für die Dekoration zum Weihnachtsgeschäft werden 12 gleichschenklige Dreiecke aus 16-mm-MDF-Platten (Format: 2,07 m x 2,80 m) ausgesägt und durch beidseitigen Anstrich zu stilisierten Tannen-bäumen gestaltet. Die Maße der Bäume: c = 1,40 m und h_c = 1,65 m.

   a. Wie viel Platten werden für die Anfertigung der 12 Bäume benötigt?
   b. Wie viel € kosten diese Platten? (11,90 €/m²)
   c. Wie groß ist der Verschnitt (in m² und %)?
   d. Wie viel m² Fläche muss bei den 12 Tannen gestrichen werden?

9. Berechnen Sie vom nebenstehenden Richtungssym-bol (Grundplatte = 63 cm x 63 cm mit 3 Dreiecken) den Flächeninhalt der dunklen Pfeile.
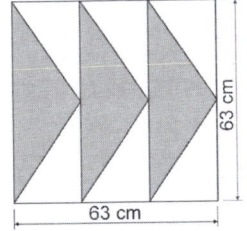

10. Untersuchungen haben ergeben, dass von den Pas-santen, die sich eine Schaufensterauslage ansehen, die meisten (ca. 56 %) in den auf der Abbildung als Dreieck gekennzeichneten Bereich blicken.
Es wird deshalb auch als Gestaltungsdreieck bezeich-net und ist ein wichtiges Kri-terium für den Gestalter beim Anordnen der Waren innerhalb der Dekoration.
Wie viel % macht die Fläche des Gestaltungsdreiecks vom gesamten Schaufenster aus?
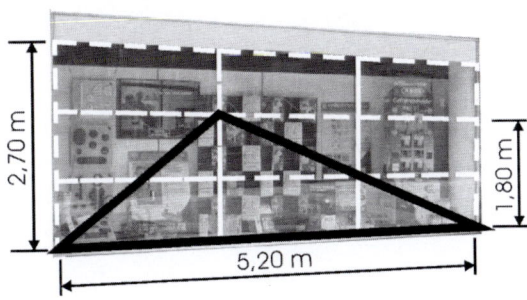

11. Im Materiallager befinden sich noch 5 dreieckige Reststücke Tischlerplatten.
Wie viel m² sind es insgesamt?

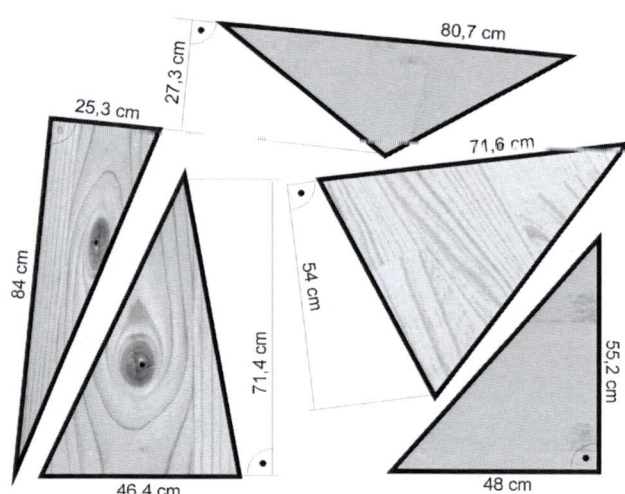

Lehrsatz des Pythagoras

Es kommt nicht selten vor, dass bei der Gestaltung eines Messestandes oder einer Ausstellung, bei Bodenbelegarbeiten oder der Anfertigung von Dekorationselementen die Diagonale gemessen bzw. berechnet werden muss. Eine solche Berechnung erfolgt mit dem **Lehrsatz des Pythagoras**.

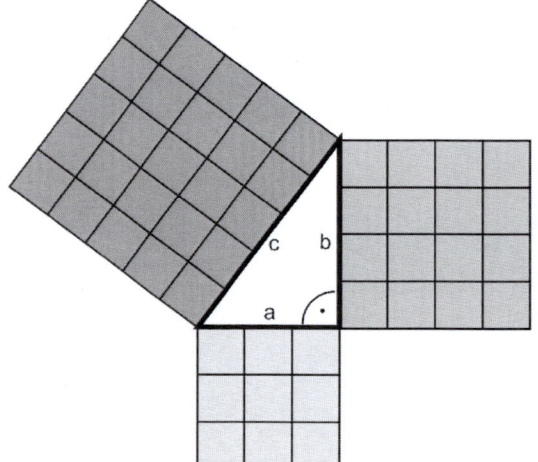

Dieser lautet:

- Bei einem rechtwinkligen Dreieck ist das Quadrat über der Hypotenuse gleich der Summe der Quadrate über den Katheten.

- Kurz: $a^2 + b^2 = c^2$

Formeln:

Grundformel: $a^2 + b^2 = c^2$

Daraus folgt: $a^2 = c^2 - b^2$ $\Rightarrow$ $a = \sqrt{c^2 - b^2}$

oder: $b^2 = c^2 - a^2$ $\Rightarrow$ $b = \sqrt{c^2 - a^2}$

oder: $c^2 = a^2 + b^2$ $\Rightarrow$ $c = \sqrt{a^2 + b^2}$

Beispielaufgabe:

Die Seite c (Hypotenuse) eines rechtwinkligen Dreiecks ist 12 m und die Seite b (eine Kathete) ist 7,20 m lang.
Wie lang ist die zweite Kathete, die Seite a?

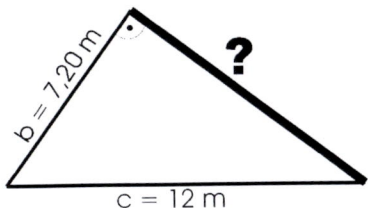

Lösung: $a^2 = c^2 - b^2$

$$a = \sqrt{c^2 - b^2} \;=\; \sqrt{12^2 - 7,2^2} \;=\; \sqrt{92,16} \;=\; \underline{\underline{9,6\,\text{m}}}$$

Übungsaufgaben:

1. Wie groß ist die Diagonale einer rechteckigen Ausstellungsfläche mit den Maßen 8,40 m x 7,10 m?

2. Ein 3,10 m langes Podest hat eine Diagonale von 4,10 m. Wie breit ist es?

3. Aus einer Baumstamm-Scheibe mit einem Durchmesser von 78 cm soll eine größtmögliche quadratische Platte ausgesägt werden.
   a. Wie lang sind die Kanten der quadratischen Platte?
   b. Wie viel cm² beträgt die Fläche?

4. Ein Firmenlogo besteht aus einem Quadrat (Kantenlänge = 60 cm) und einem kleineren, etwas gedrehten, Quadrat. (Siehe nebenstehende Skizze!)
Wir groß ist der Flächeninhalt des inneren Quadrates?

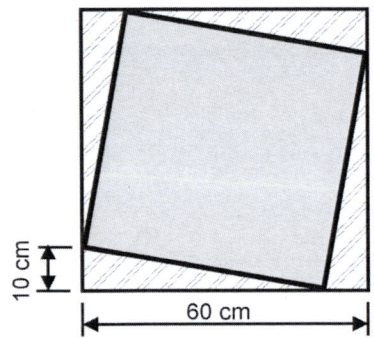

5. Sie haben den Auftrag, die Verkaufsstände für den Weihnachtsmarkt anzufertigen. Das grundsätzliche Aussehen dieser Hütten kann der Abbildung entnommen werden.
Wie lang müssen die Dachsparren sein?

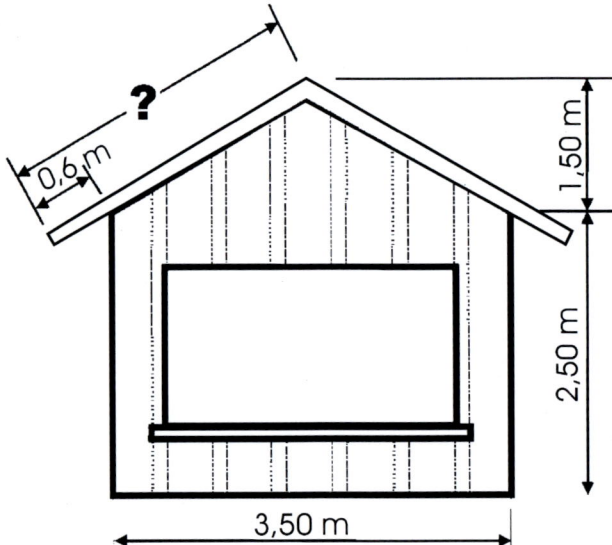

6. Ein Springrollo für ein dreieckiges Fenster hat eine Rollenbreite von 2,12 m und ist im ausgezogenen Zustand 1,75 m breit.
Wie weit kann das Rollo ausgezogen werden?

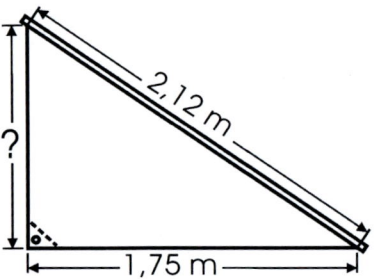

98

14.7. Kreis

Der Kreis ist die regelmäßigste geometrische Figur, bei der alle Punkte auf der Kreislinie (Peripherie) den gleichen Abstand zum Mittelpunkt haben.

Merke:

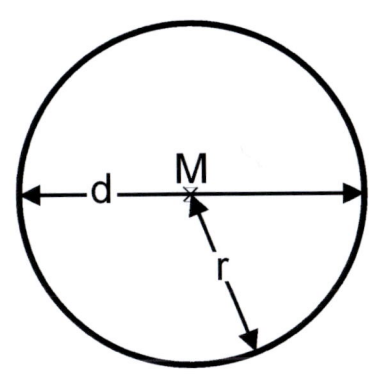

- Der Abstand vom Mittelpunkt M zur Kreislinie ist der Radius.

- Der Abstand von einem Punkt der Kreislinie durch den Mittelpunkt M zum gegenüberliegenden Punkt der Kreislinie ist der Durchmesser.

- Die Zahl π = 3,1415926,,, ist die Schlüsselzahl für die Berechnung von Flächen und den Umfang von Kreisen.

Formeln:

Flächeninhalt: $A = \pi \bullet r^2$ oder $A = \pi \bullet \dfrac{d^2}{4}$

Flächenumfang: $u = d \bullet \pi$

Beispielaufgabe:

Ein drehender Präsentierteller für ein Schaufenster hat einen Durchmesser von 18,8 cm.
Berechnen Sie die zur Verfügung stehende Nutzfläche und den Umfang der Drehscheibe?

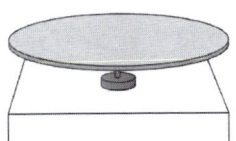

Lösung:

$A = r^2 \cdot \pi$	$u = d \cdot \pi$
$A = (9{,}4 \text{ cm})^2 \cdot \pi$	$u = 18{,}8 \text{ cm} \cdot \pi$
$A = 277{,}591 \text{ cm}^2$	$u = 59{,}0619 \text{ cm}$
$\approx 277{,}6 \text{ cm}^2$	$\approx 59{,}1 \text{ cm}$

Übungsaufgaben:

1. Berechnen Sie die fehlenden Größen der Kreise!

	a)	b)	c)	d)
d	13,2 cm			
r		2,10 m		
A			314,16 dm²	
u				635,2 cm

2. Für einen runden Tisch mit einem Durchmesser von 1,60 m soll zur Dekoration passend eine Tischdecke angefertigt werden, die ringsherum 20 cm herunterhängt. Die Außenkante der Decke wird mit einer Borte eingefasst. Wie viel m² Stoff werden gebraucht und wie viel Borte, wenn zum Versäubern der Enden insgesamt 2 cm mehr zu berücksichtigen sind?

3. Fünf Barhocker mit einer kreisrunden Sitzfläche (Durchmesser = 32 cm) sollen bezogen werden. Wie viel m² Bezugsstoff sind notwendig, wenn rundherum 6 cm Zugabe erforderlich sind?

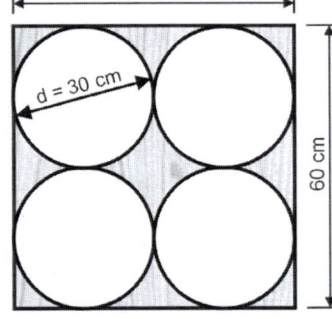

4. Aus eine Holzplatte, Maße 60 cm x 60 cm, wurden 4 Kreise mit je einem Durchmesser von 30 cm ausgesägt. Wie viel Abfall ist entstanden (in cm² und %)?

5. Für die Gestaltung eines Kinder-Abenteuerspielplatzes wurden Bäume längs aufgesägt, um aus den Halbstämmen Sitzbänke und Kletterhindernisse zu bauen.
Wie groß (in cm²) ist die Schnittfläche des abgebildeten Stammes?

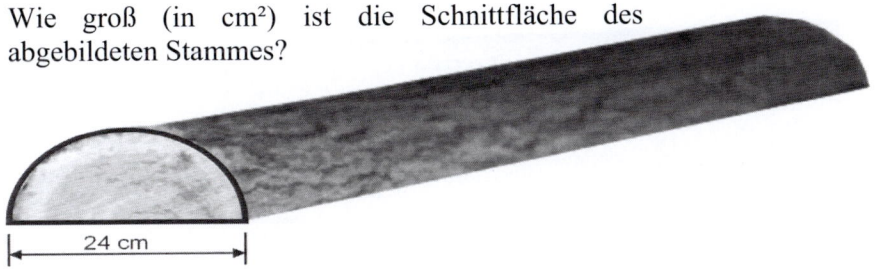

24 cm

6. Eine Gestalterin für visuelles Marketing hat als Blickfang für den Messestand eines Buchverlages die abgebildeten zwei Symbole angefertigt. Das größere hat eine Seitenlänge von 1,50 m, und beim kleineren ist die Seite 80 cm lang. Die schwarzen Halb- bzw. Viertelkreise wurden aus Klebefolie aufgebracht.
Wie viel m² Folie wurden für beide Symbole verarbeitet?

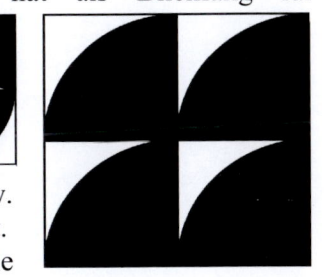

7. Als Blickfang im Eingangsbereich einer Fachmesse ist das abgebildete Logo anzubringen. Es besteht aus einem blauen gleichseitigen Dreieck mit einer Seitenlänge von 2 m und einem weißen Innenkreis mit dem Radius 57,7 cm.
Wie groß (cm²) sind insgesamt die blau zu gestaltenden Flächen?

8. Ein Verkaufsraum mit rechteckiger Grundfläche (12,85 m x 15,80 m) soll mit Fußbodenfarbe gestrichen werden. Im Raum stehen zwei 75 cm dicke Säulen.
Wie viel m² Fußboden sind zu streichen?

14.8. Kreisring, -abschnitt, -ausschnitt

Kreisring:

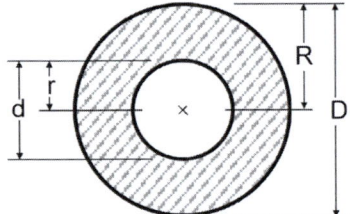

Flächenumfang:	u	$= (D + d) \bullet \pi$
Flächeninhalt:	A	$= (R^2 - r^2) \bullet \pi$

Kreisabschnitt:

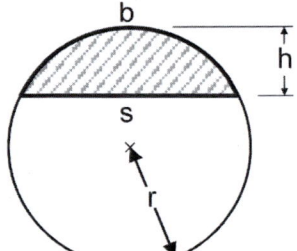

Flächenumfang:	u	$= s + b$
Flächeninhalt:	A	$\approx s \bullet \dfrac{2}{3} \bullet h$

Kreisausschnitt:

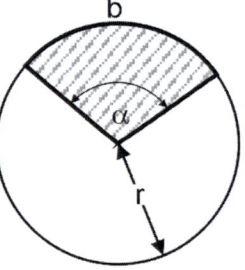

Flächenumfang:	u	$= 2 \bullet r + b$
Flächeninhalt:	A	$= \dfrac{b \bullet r}{2} \quad \text{oder} \quad \dfrac{r^2 \bullet \pi \bullet \alpha}{360°}$
Bogen:	b	$= \dfrac{d \bullet \pi \bullet \alpha}{360°}$

Übungsaufgaben:

1. Bei einem Dekorationselement aus Holz (Kreis-ring) hat der äußere Kreis einen Durchmesser von 60 cm und der innere 30 cm.
Berechnen Sie den Flächeninhalt des Kreisrings.

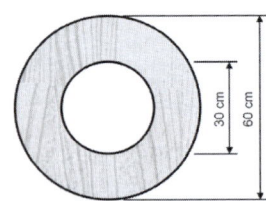

2. Ein Kreisausschnitt hat einen Mittelpunktswinkel von 24° und eine Bogen-
länge von 188 mm.
Berechnen Sie den Flächeninhalt und den Umfang des Kreisausschnitts.

3. 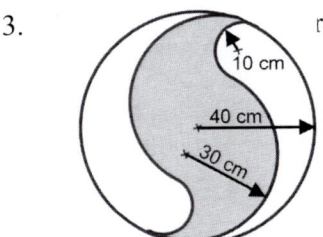 r für visuelles Marketing wurde das abgebildete Signet entworfen
Berechnen Sie den Flächeninhalt des Kreises sowie
die einzelnen Anteile (in cm²) der dunklen und der
hellen Flächen. (Die Radien sind 10 cm, 30 cm,
40 cm.)

4. Die Gas- und Wasser-Installation GbR lässt die Giebel-
front ihres Betriebsgebäudes mit dem Firmenlogo ges-
talten. Der Durchmesser des äußeren Kreises misst 5,10
m, der innere Kreis 2,80 m und die „Lücke" zwischen
dem gelben und dem blauen Halbkreis ist 0,50 m breit.
Wie viel kg von jeder Farbe wird verbraucht, wenn für
einen m² 240 g benötigt werden?

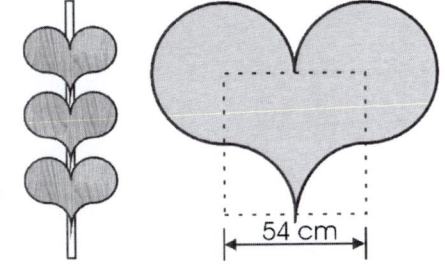

Gas- und Wasser
Installation
GbR

5. Für eine Dekoration wird die abgebildete „Herzen-Reihe" benötigt.
Ausgeschnitten werden sie aus Ka-
paline-Platten.
Wie viel m² Kapaline werden für
diese 3 Herzen verbraucht?

54 cm

7. In der Empfangshalle eines Reisebüros wurde eine Wand gestaltet. (Siehe
Abbildung!) Dabei wurden die Sonne und die Sonnenstrahlen aus Goldfolie angefertigt. Ein A4-Blatt (21 cm x 29,7 cm) Goldfolie kostet 2,45 €.
Wie viel Blatt Goldfolie waren erforderlich und was kostet dieses Material
bei folgenden Maßen: Sonne (Kreisab-
schnitt): Breite der Sehne =1,20 m; Höhe der Sonne = 42 cm. Sonnenstrahlen
(Kreisausschnitt): Radius = 33 cm; Zent-
rumswinkel α = 20°.

MEHR SONNE - MEHR URLAUB!
BEI UNSEREN PREISEN MÜSSEN SIE REISEN!

14.9.   Ellipse

Die Ellipse ist die Darstellung eines gestreckten bzw. „zusammengedrückten" Kreises.

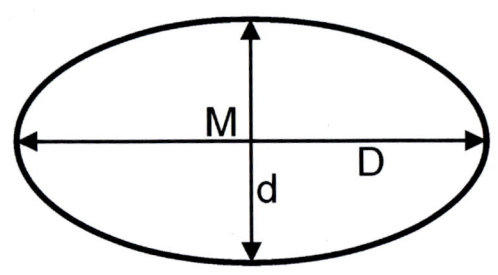

Merke:

- Eine Ellipse hat 2 verschiedene Achsen (Durchmesser), die große Achse = D und die kleine = d.

- Der große Radius wird mit R gekennzeichnet und der kleine mit r.

- Auf der großen Achse befinden sich die Punkte, die für die Konstruktion gebraucht werden.

Konstruktion einer Ellipse:

Es gibt mehrere Möglichkeiten, eine Ellipse zu konstruieren. Für einen Gestalter/eine Gestalterin für visuelles Marketing bieten sich 2 Möglichkeiten an:

1.   die Konstruktion mit 2 Nadeln und Kordel, die „werkstattgerechte" Version
2.   unter Verwendung von Zirkel und Lineal.

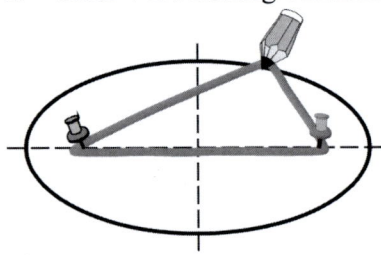

Ellipse gezeichnet.

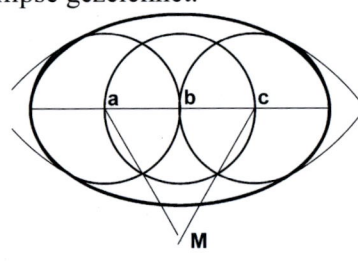

Zu 1.) Diese Variante mit Nagel bzw. Stock und Schnur wird auch als die sogenannte „Gärtnerkonstruktion" bezeichnet. Es werden 2 Nadeln (Nägel, Stöcke o.ä.) im gewünschten Abstand auf der Achse D eingeschlagen. Eine verknotete Kordel wird darüber gegeben. Mit stets straffer Schnur wird dann die

Zu 2.) Von den zahlreichen Konstruktionsbeschreibungen, die es gibt, sei diese erläutert: Gezeichnet wird der große Durchmesser D. Dieser wird in 4 gleiche Teile zerlegt, man findet die Punkte a, b und c. Mit der Zirkelspanne (Radius) a-b werden Kreise um a, b und c geschlagen. Die gefundenen Schnittpunkte der Kreisbogen werden mit a bzw. c verbunden. In der Verlängerung dieser beiden Linien entsteht der Punkt M, der gleichzeitig der Mittelpunkt für den restlichen (noch fehlenden Teil) des Ellipsenbogens ist.

Formeln:

Flächeninhalt: $A = \left(\dfrac{D}{2} \bullet \dfrac{d}{2}\right) \bullet \pi$ oder $A = (R \bullet r) \bullet \pi$

Umfang: $u = \left(\dfrac{D}{2} + \dfrac{d}{2}\right) \bullet \pi$ oder $u = (R + r) \bullet \pi$

Beispielaufgabe:

Berechnen Sie von einem ellipsenförmigen Tisch mit dem großen Durchmesser D = 150 cm und dem kleinen Durchmesse d = 95 cm die Fläche und den Umfang der Tischplatte.

Lösung:

$$A = \left(\dfrac{150}{2} \bullet \dfrac{95}{2}\right) \bullet \pi \text{ oder } A = (75 \bullet 47{,}5) \bullet \pi = \underline{\underline{11.191{,}923 \text{ cm}^2}} \approx \underline{\underline{1{,}12 \text{ m}^2}}$$

$$u = \left(\dfrac{150}{2} + \dfrac{95}{2}\right) \bullet \pi \text{ oder } u = (75 + 47{,}5) \bullet \pi = \underline{\underline{384{,}845... \text{ cm}}} \approx \underline{\underline{3{,}85 \text{ m}}}$$

Übungsaufgaben:

1.

Für die Dekoration der Frühjahrs- und Sommerkollektion werden stilisierte Schmetterlinge aus Depafitplatten ausgeschnitten und farbig beklebt. Die Vorder- und die Hinterflügel sowie der Körper haben elliptische Form. Der Kopf ist ein Kreis. Die Maße:
Vorderflügel: D = 60 cm; d = 40 cm
Hinterflügel: D = 45 cm; d = 30 cm; Körper: D = 40 cm; d = 15 cm;
Kopf: d = 11 cm. Angefertigt werden insgesamt 24 Schmetterlinge.
Wie viel m² Depafit wird verarbeitet?

2. Ihre Marketingagentur hat die Planung und Vorbereitung des Tierparkfestes übernommen. Dazu stellen Sie von verschiedenen Tieren lebensgroße Attrappen aus Holz her. Unter anderem ist das nebenstehend abgebildete Nilpferd Hippo dabei. Die Größen der einzelnen Teile sind dem Bauplan zu entnehmen.
Wie viel m² Holz sind bei dieser Attrappe enthalten?

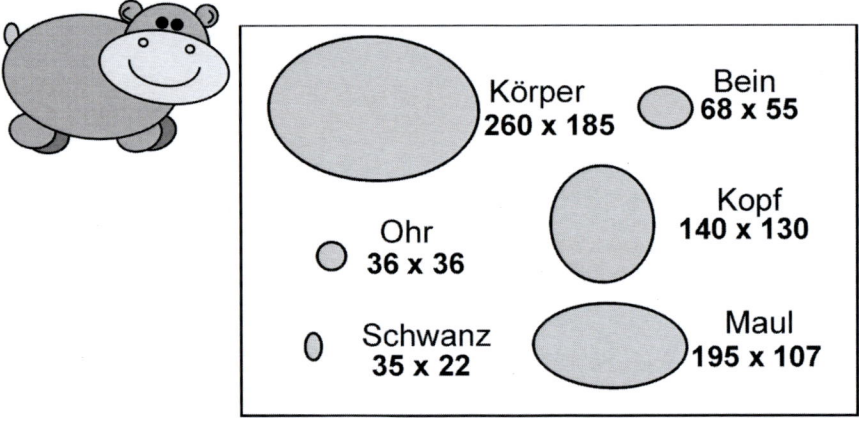

3. An einem Getreidespeicher soll das Logo des Unternehmens angebracht werden. Geplant ist von den Unternehmern, alle Teile mit Leuchtstoffröhren einfassen zu lassen.
Wie viel lfd.Meter Röhren werden das insgesamt, wenn jedes der 10 elliptischen Körner D = 2,60 m und d = 1,15 m groß ist, die beiden äußeren Grannen (Ährenborsten) je 7,75 m lang sind und die mittlere 10,75 m misst.

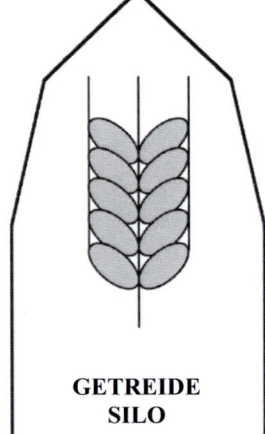

14.10. Regelmäßige Vielecke und zusammengesetzte Flächen

Flächen, die mehr als 4 Ecken besitzen, werden Vielecke genannt. Diese ließen sich noch einmal in regelmäßige und unregelmäßige Vielecke unterteilen. Bei den regelmäßigen sind alle Seiten und Winkel gleich groß. Anders ist es bei den unregelmäßigen Vielecken, sie setzen sich aus unterschiedlich großen Seiten und Winkeln zusammen.

Die Berechnung von Umfang (u) und Flächeninhalt (A) ist im Prinzip bei beiden Kategorien wieder gleich. Der Umfang eines Vielecks ist in jedem Fall die Summe aller Seiten, ob sie nun gleich groß oder unterschiedlich lang sind.

Die grundsätzliche Vorgehensweise bei der Ermittlung des Flächeninhalts besteht darin, dass das Vieleck in Teilfiguren zerlegt wird, die sich berechnen lassen und dann am Ende addiert werden. Ein regelmäßiges Fünfeck kann z.B. in 5 kongruente Dreiecke „zerlegt" werden. Es wird A von einem Dreieck errechnet und dann das Ergebnis mit der Anzahl der Dreiecke multipliziert. Das ist bei unregelmäßig zusammengesetzten Flächen nicht möglich, da ist jede Teilfigur einzeln zu berechnen, deren Ergebnisse dann summiert werden.

Übungsaufgaben:

1. Bei einem kreisrunden Bodenbelag (d = 3 m) soll eine andersfarbige Intarsie eingearbeitet werden. Diese hat die Form eines regelmäßigen Siebenecks (Seitenlänge = 86,8 cm; Dreieckhöhe = 90,1 cm). Die eingesetzte Fläche ist mit einer Trittleiste einzufassen.

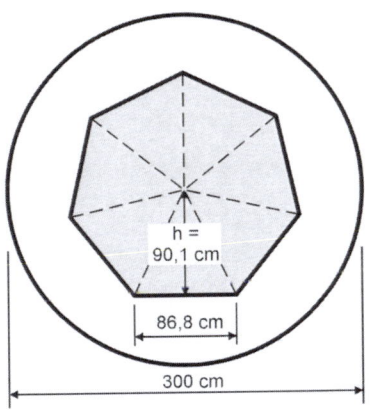

a. Wie groß ist der Flächeninhalt der Intarsie?

b. Wie viel m² ist die kreisrunde umlaufende Belagfläche?

c. Wie viel m Trittleiste werden für des Einfassen der Intarsie gebraucht?

2. Als Blickfang für den Saisonschlussverkauf werden die Buchstaben SALE aus Tischlerplatten ausgesägt und an der Außenfront eines Warencenters angebracht. Die Maße der Schrift: Buchstabenhöhe = 3,75 m; Buchstabenbreite = 2,25 m; Balkenbreite = 75 cm.
Berechnen Sie den Flächeninhalt des Schriftzuges.

3.

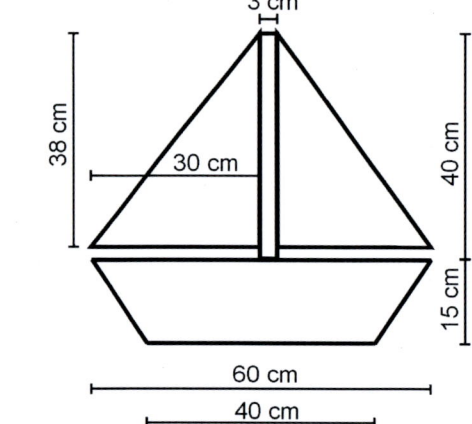

Ein Bestandteil des erarbeiteten Marketingkonzeptes für einen Yachthafen besteht in der Anbringung eines stilisierten Segelschiffes aus Edelstahl am Ausbildungsgebäude des Clubs.
Wie viel cm² Edelstahl werden bei der Anfertigung des Schiffes verarbeitet?

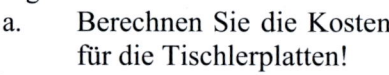

4. Für den Weihnachtsmarkt sind 12 Tannen entsprechend der Skizze aus 19 mm starken Tischlerplatten zu sägen. Die Tischlerplatten sind 2,05 m x 2,60 m groß und kosten pro m² 30,90 €. Aus einer Platte lassen sich 6 Bäume aussägen.

a. Berechnen Sie die Kosten für die Tischlerplatten!

b. Wie viel Verschnitt entsteht in m² bzw. in %?

c. Wie viel m² Fläche ist zu streichen, wenn die Vorder- und die Rückseiten der Bäume farbig gestaltet werden?

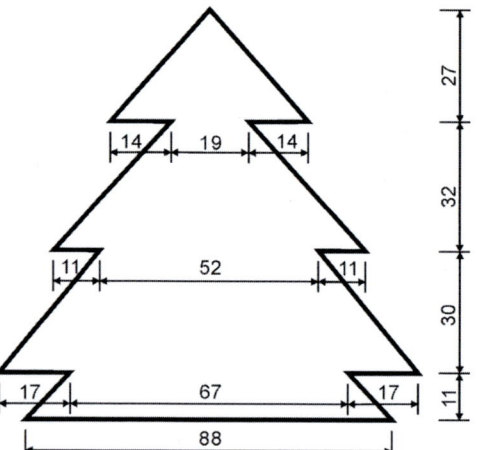

5. Fassaden sind kaum zu übersehende Werbeträger. Deshalb schlagen Sie einem Unternehmen die Gestaltung der Giebelseite des Geschäftsgebäudes vor. Zunächst muss diese erst einmal einen Anstrich mit Fassadengrund und dann einen mit wasserabweisender Fassadenfarbe bekommen.

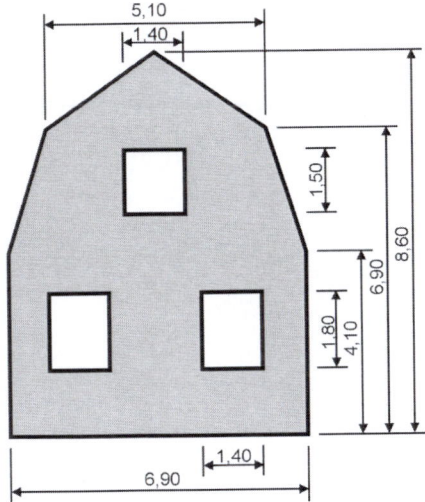

   a. Wie viel Liter Tiefengrund sind erforderlich, wenn 18 l für 100 m² gebraucht werden?

   b. Wie viel Liter der Fassadenfarbe werden benötigt, wenn laut Herstellerangaben 285 ml je m² ausreichend sind?

6. Für die Eröffnung der Sommer- und Schifffahrtssaison ist nachfolgendes Modell aus Tischlerplatten beidseitig zu streichen und anschließend für Werbezwecke zu beschriften. (Maßangaben in cm)
Wie viel m² sind zu streichen?

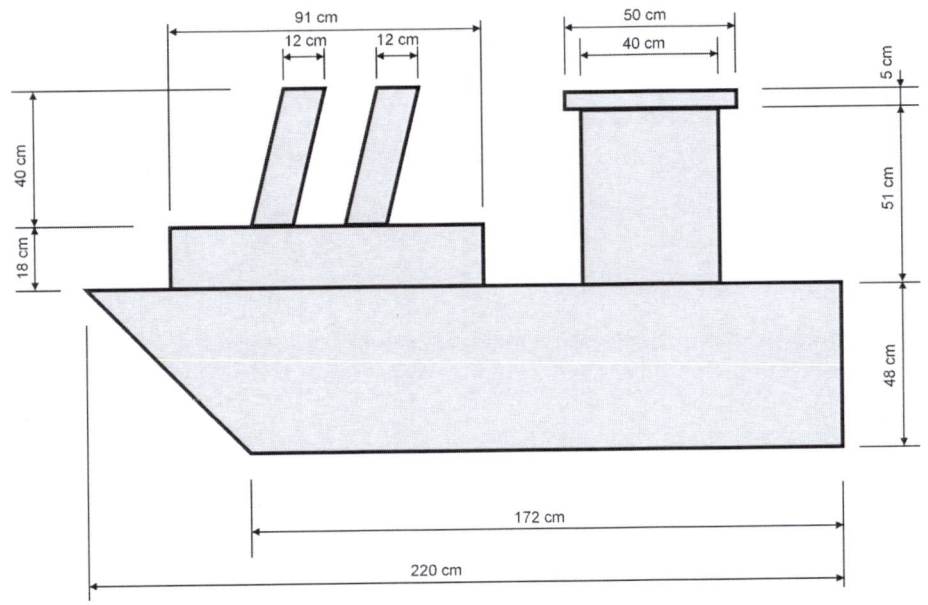

7. Für die Weihnachtsdekoration in einem Warenhaus sind 30 Sterne aus Pappe herzustellen. Diese werden anschließend auf beiden Seiten mit goldener Metallfolie beklebt.
Wie viel kostet diese Folie, wenn wir mit einem Verschnitt von 20 % rechnen und der m² Folie 1,59 € kostet?

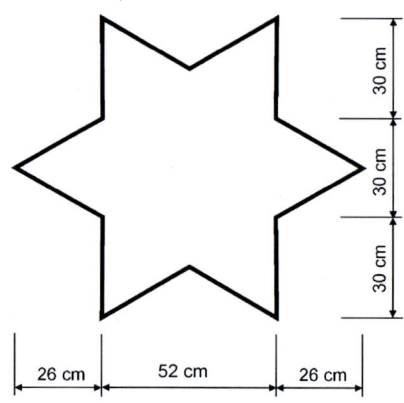

8.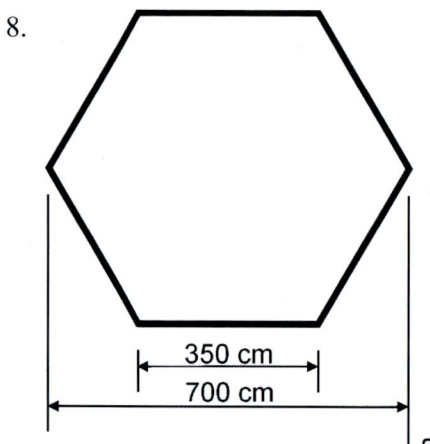

Auf einem Messestand befindet sich ein gleichseitiges sechseckiges Podest, das mit Teppichboden belegt und auch an den Seitenflächen eingefasst werden soll. (Die Maße des Podestes sind der Zeichnung zu entnehmen.)
Berechnen Sie den Verbrauch an Teppichboden ohne Verschnitt.

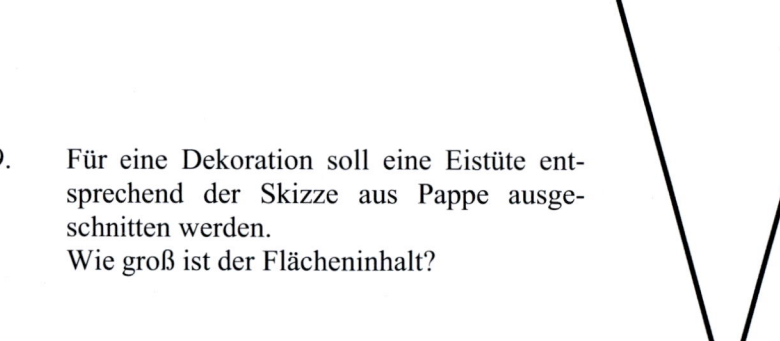

9. Für eine Dekoration soll eine Eistüte entsprechend der Skizze aus Pappe ausgeschnitten werden.
Wie groß ist der Flächeninhalt?

110

15. Körper

Im vorhergehenden Abschnitt wurden geometrische Figuren berechnet, die über 2 Dimensionen verfügen, eine Länge und eine Breite. Im Folgenden kommt jetzt eine dritte Ausdehnung hinzu, das kann eine Höhe oder auch eine Tiefe sein. Somit wird aus dem Flächenhaften eine räumliche Darstellung, die wir als Körper bezeichnen.

Bei Körpern handelt es sich also um dreidimensionale geometrische Formen, die von bekannten Flächen begrenzt werden. Die uns bekannte Flächenberechnung wird also auch bei der Oberflächen- bzw. Mantelberechnung von Körpern Anwendung finden. Was neu hinzukommt, ist die Ermittlung des Rauminhaltes, des Volumens.

Der Oberflächeninhalt ist die Summe aller Begrenzungsflächen des Körpers. Die Mantelfläche, das sagt schon der Name, ist die Fläche, die den Körper „umhüllt", also ohne Grundfläche und auch (wo vorhanden) ohne Deckfläche.

15.1. Quader

Ein Quader ist ein Körper, bei dem alle Begrenzungsflächen Rechtecke sind.

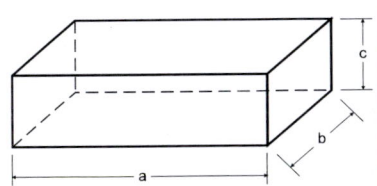

Merke:

- Ein Quader hat 6 Flächen, 8 Ecken und 12 Kanten.

- Gegenüberliegende Flächen sind kongruent.

- Jeweils 4 Kanten haben die gleiche Länge und sind parallel zueinander.

- Alle Flächen- bzw. Eckenwinkel sind rechte Winkel.

Formeln:

$$O = 2 \bullet (a \bullet b + a \bullet c + b \bullet c)$$

Oberfläche:

Volumen: $\quad V = a \bullet b \bullet c$

Beispielaufgabe:

Berechnen Sie die Oberfläche, die Mantelfläche und den Rauminhalt des Quaders, der 1,40 m lang, 0,60 m breit und 0,50 m hoch ist.

Lösung:

Oberfläche:
$$O = 2 \bullet (a \bullet b + a \bullet c + b \bullet c) = 2 \bullet (1{,}50 \bullet 0{,}60 + 1{,}50 \bullet 0{,}50 + 0{,}60 \bullet 0{,}50) = 3{,}90 \ m^2$$

Mantelfläche: $\quad O = 2 \bullet (a \bullet c + b \bullet c) = 2 \bullet (1{,}50 \bullet 0{,}50 + 0{,}60 \bullet 0{,}50) = 2{,}10 \ m^2$

Volumen: $\quad V = a \bullet b \bullet c = 1{,}60 \bullet 0{,}60 \bullet 0{,}50 = 0{,}49 \ m^3$

Übungsaufgaben:

1. Tragen Sie die fehlenden Werte ein!

	a)	b)	c)	d)	e)
Länge a	30 cm	3,5 dm	1,60 m		66 cm
Breite b	20 cm		1,10 m	120 cm	98 cm
Höhe c	15 cm	2,0 dm		5 dm	
Volumen		21,7 dm³		21 hl	
Oberfläche			7,84 m²		344,2 dm²

2. Die 6 Säulen am Eingangsportal eines Kaufhauses werden neu gestrichen. Die Grundflächen der Säulen sind 0,55 m x 2,60 m und sie sind 5,40 m hoch.
    Wie viel Liter Dispersionsfarbe sind erforderlich, wenn für 1 m² Anstrich 0,36 l gebraucht werden?

3. Für die Gestaltung eines Abenteuerspielplatzes für Kinder soll eine Fläche von 13 m x 15 m auf eine Höhe von 35 cm mit Sand aufgefüllt werden.
    Wie oft muss ein Lkw mit einer Ladekapazität von 2,5 m³ für die erforderliche Sandmenge fahren?

4. 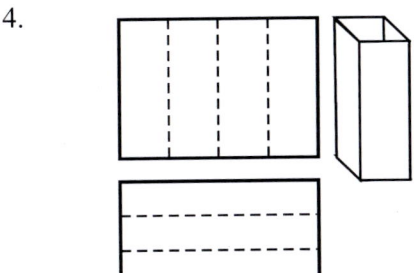 Aus einem besonders zähen Material auf Papierbasis, der sogenannten Elefantenhaut, Format 86 cm x 61 cm, soll der Mantel eines Quaders mit quadratischer Grundfläche und größtmöglichem Rauminhalt geformt werden. Da es 2 Möglichkeiten zur Falzung gibt, über die Länge bzw. über die Breite des Bogens, ermitteln Sie, welche Version zum gewünschten Ziel führt und das größere Volumen besitzt. (Siehe Skizze!)

5. Der Werkstattraum einer Marketing-GmbH ist 14 m lang, 6 m breit und 4 m hoch. Laut Arbeitsrecht soll pro Arbeitnehmer/in mit normaler körperlicher Tätigkeit ein Mindestluftraum von 15 m³ zur Verfügung stehen.
    Für wie viel Personen wäre die Werkstatt maximal zulässig?

6. Für den Bau eines Quaders aus Dekorationsstoff wird zunächst ein Kantenmodell aus Holzleisten hergestellt, das anschließend mit Stoff bespannt wird. Der Quader ist 1,60 m lang, 80 cm breit und 70 cm hoch.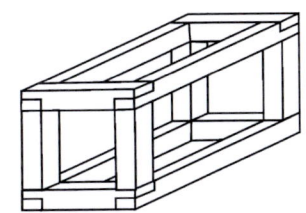
    Wie viel lfd. Meter Leisten werden benötigt, wenn wir wegen des anfallenden Verschnittes 10 % mehr einplanen?

7. Für eine Ausstellung des Vereins „Schiffsmodellbau" ist ein 20 m langes und 5 m breites Vorführbecken gebaut worden, das 50 cm hoch mit Wasser gefüllt werden soll.
    Wie lange wird das Füllen dauern, wenn aus einer Zuleitung pro Minute 1,5 hl fließen?

8. Die 6 Säulen im Lichthof einer Geschäftpassage werden mit Hartfaserplatten ummantelt, sie sollen anschließend werblich gestaltet werden. Die Säulen haben eine quadratische Grundfläche mit der Seitenlänge 0,75 m und sie sind

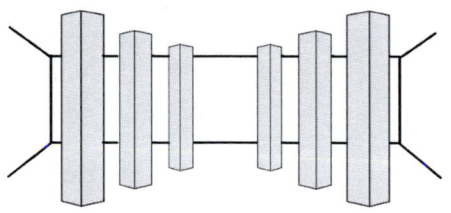

4,50 m hoch. Damit die Plattenummantelungen an den Säulen befestigt werden können, wird erst noch ein Lattengerüst unterbaut. Verwendet werden dazu 18 mm starke Leisten.
Wie viel m² Hartfaserplatten sind für diese Aufgabe erforderlich?

15.2. Würfel

Der Würfel ist als regelmäßiger geometrischer Körper eine Sonderform des Quaders. Es treffen somit auch alle Merkmale des Quaders zu.

Merke:

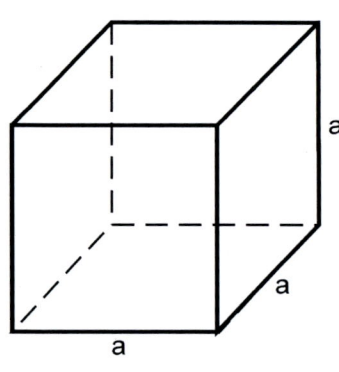

- Ein Würfel hat 6 Seiten, 8 Ecken und 12 Kanten.

- Alle 6 Seiten sind kongruente Quadrate.

- Alle 12 Kanten sind gleich lang, 4 Kanten liegen immer parallel zueinander.

Formeln:

Oberfläche:	$O = 6 \bullet a^2$
Volumen:	$V = a \bullet a \bullet a$ oder $V = a^3$

Beispielaufgabe:

Ein Schaumstoffwürfel, Kantenlänge 42 cm soll mit Kunstleder bezogen und als Hocker genutzt werden.
Wie viel cm³ Schaumstoff und wie viel cm² Kunstleder werden verarbeitet?

Lösung:

Kunstleder: $O = 6 \bullet a^2 = 6 \bullet 42^2 = \underline{\underline{10.584 \text{ cm}^2}}$

Schaumstoff: $V = a^3 = 42^3 = \underline{\underline{74.088 \text{ cm}^3}}$

Übungsaufgaben:

1. 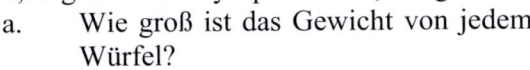 Zum Verschicken von Glaswaren wurden würfelförmige Kartons (Kantenlänge 40 cm) und als Füllmaterial ein 500-Liter-Sack mit Verpackungschips besorgt.
    Für wie viel Kartons reicht der Sack Füllmaterial?

2. Passend zu einem 50 cm großen Würfelbecher als Blickfang auf einer Spielwarenmesse werden 3 Würfel mit einer Kantenlänge von 30 cm aus Styropor angefertigt, die dann eine Außenhülle aus farbiger Folie erhalten.
    a.   Wie viel dm³ Styropor und
    b.   wie viel dm² Folie werden verarbeitet?

3. Zwei gleich große Würfel aus Kiefernholz bzw. aus Styropor wiegen zusammen 4,2 kg. Kiefernholz hat eine Dichte von 0,51 g/cm³ und Styropor vom 0,015 g/cm³.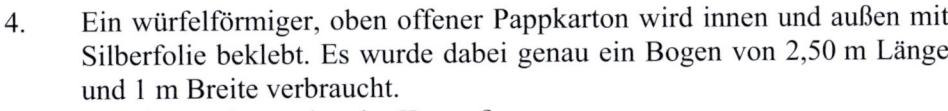
    a.   Wie groß ist das Gewicht von jedem Würfel?
    b.   Wie sind die Kantenlängen und das Volumen der Würfel?

4. Ein würfelförmiger, oben offener Pappkarton wird innen und außen mit Silberfolie beklebt. Es wurde dabei genau ein Bogen von 2,50 m Länge und 1 m Breite verbraucht.
    Welches Volumen hat der Karton?

5.　Zu einem Veranstaltungsort sind 200 Schaumstoffwürfel mit einer Kantenlänge von 55 cm als Sitzelemente zu befördern. Dafür wurde bei einem
Logistikunternehmen ein Lkw gemietet. Die Ladefläche dieses Fahrzeugs
ist (L x B x H) 7,85 m x 2,44 m x 2,43 m groß.
Wie viel Fahrten muss der Lkw für den Transport der 200 Sitze durchfüh-
ren?

6.　Für eine Warenpräsentation werden 3 unterschiedlich große Würfel als
Aufbauelemente gebraucht. Hergestellt werden sie aus Sperrholz. Die
Kantenlängen der Würfel sind 32 cm, 55 cm und 78 cm.
Berechnen Sie den Bedarf (in m²) an Sperrholzplatten.

7.　Ein würfelförmiger Hocker wurde aus Schaumstoff RG 45 angefertigt. RG
steht für Raumgewicht pro m³, was bei diesem Schaumstoff 45 kg/m³ bedeutet. Beim Wiegen eines Hockers wurde das Gewicht von 2,880 kg festgestellt.
Welche Kantenlänge hat dieser Hocker?

8.　Welches der abgebildeten Figuren
ist ein Würfelnetz und kann zum
Würfel gefaltet werden?

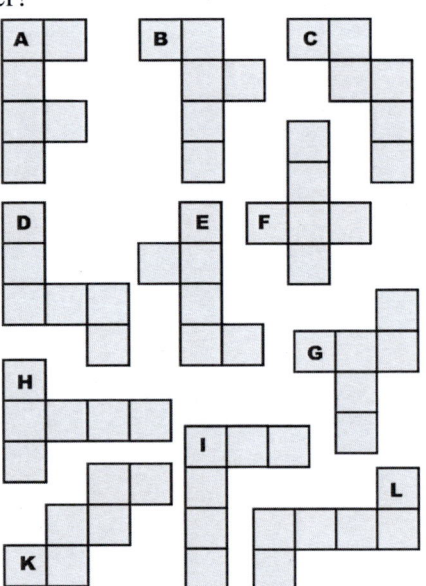

15.3.   Prisma

Ein Prisma ist ein ebenflächig begrenzter Körper. Grund- und Deckfläche sind kongruente und zueinander parallel liegende Vielecke. Die Seitenflächen sind bei einem geraden Prisma Rechtecke, und bei einem schiefen Prisma sind es Parallelogramme. Entsprechend dieser Definition gehören auch Quader und Würfel zu den Prismen. Meistens denkt man bei einem Prisma jedoch an den geometrischen Körper mit dreieckiger Grund- und Deckfläche, dem sogenannten Dreikantprisma. Grund- und Deckflächen können auch viereckig, fünfeckig usw. sein, dann sind es auch Vierkant- oder Fünfkantprismen.

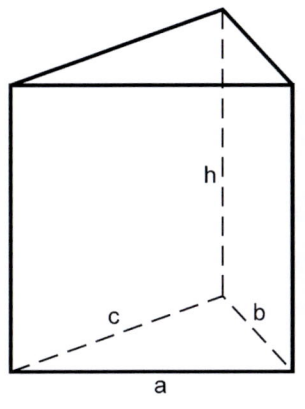

Merke:

- Die kongruenten Grund- und Deckflächen können regelmäßige und unregelmäßige Vielecke sein.

- Die Verschiedenartigkeit der Prismen ist von der Form der Grundfläche abhängig.

- Die Seitenflächen bilden in ihrer Gesamtheit den Mantel.

Formeln:

Oberfläche:	$O = 2 \bullet A + M$	(**A** ist der Flächeninhalt und
Mantelfläche:	$M = u \bullet h$	**u** ist der Umfang der Grund-
Volumen:	$V = A \bullet h$	fläche, **M** ist der Mantel.)

Beispielaufgabe:

Ein Zelt hat die Form eines liegenden Prismas. Die Vorder- und die Rückseiten (Grund- und Deckfläche beim Prisma) sind gleichschenklige Dreiecke. Das Zelt ist 3,50 m lang, 2,15 m breit und 1,40 m hoch und eine Seitenwand ist 1,77 m hoch.

a. Errechnen Sie den Rauminhalt des Zeltes.
b. Wie viel m² Stoff war für das Nähen des Zeltes (einschl. Boden) erforderlich?

Lösung:

Rauminhalt: $V = A \bullet h$ (A ist ein Dreieck.)

$$V = \frac{g \bullet h_g}{2} \bullet h = \frac{2,15 \bullet 1,40}{2} \bullet 3,50 = 5,2675 \approx \underline{\underline{5,27 \text{ m}^3}}$$

Zeltstoff: $O = 2 \bullet A + M$

$$O = 2 \bullet \frac{g \bullet h_g}{2} + u \bullet h = 2 \bullet \frac{2,15 \bullet 1,40}{2} + (1,77 + 177 + 2,15) \bullet 3,50 = \underline{\underline{22,925 \text{ m}^2}}$$

Übungsaufgaben:

1. Vervollständigen Sie die Tabelle für Dreikantprismen. Die Grundfläche ist jeweils ein gleichseitiges Dreieck.

Dreieckseite (c)	64 cm	14 dm	10 cm	
Höhe auf c (h_c)	55,43 cm	12,12 dm		1,04 m
Prismenhöhe (h)	90 cm		25 cm	2,50 m
Rauminhalt (V)		2.545,2 dm³	1.082,5 cm²	2,86 m²

2. Für eine Showbühne ist eine begehbare Schräge aus Holzbohlen zu bauen, Wie viel m² Holz sind erforderlich? (Aus Gründen der Stabilität werden alle 5 Seiten geschlossen.)

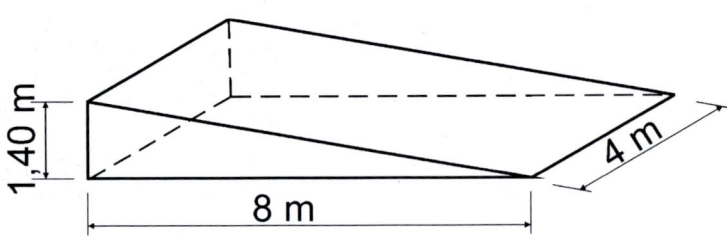

3. Nebenstehend abgebildetes Ausstellungs-
    stück soll allseitig mit farbiger Metallfolie
    beklebt werden.
    Berechnen Sie das Volumen des Objektes.
    Wie viel Folie (m²) wird gebraucht?

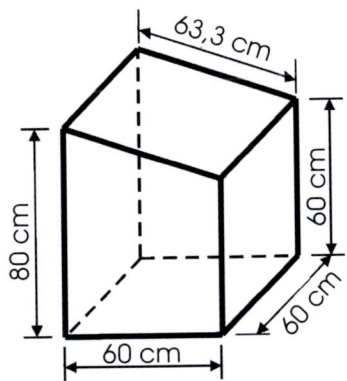

4.

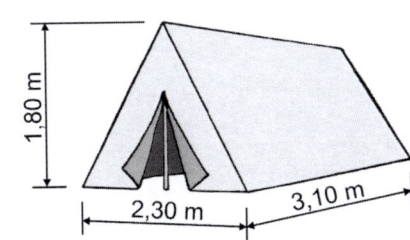

Für einen Kindergarten sind 3 Zelte aus
Polyacrylgewebe herzustellen. Ein Zelt ist
3,10 m lang, 2,30 m breit, 1,80 m hoch
und ist auch am Boden geschlossen.
Wie viel m² Polyacrylgewebe werden theoretisch gebraucht?

5. Ein Podest soll die Form eines Fünfkantprismas haben, mit einem regel-
    mäßigen Vieleck als Grundfläche. Die Maße sind der Zeichnung zu ent-
    nehmen.
    Berechnen Sie den Rauminhalt (m³) und den Materialverbrauch (m²), wenn
    die Bodenfläche offen bleibt.

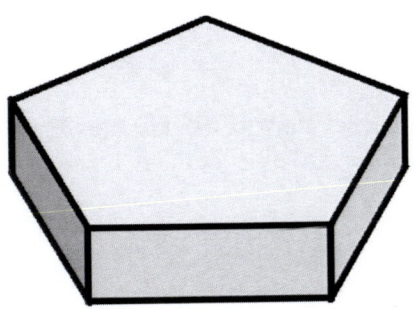

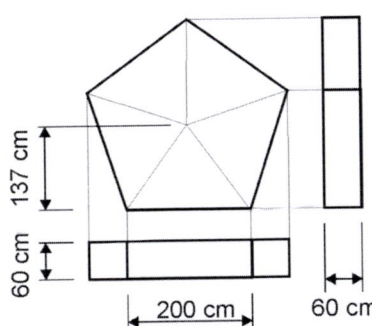

15.4. Zylinder

Der Zylinder ist ein geometrischer Körper, der die Form einer Walze hat. Grund- und Deckflächen sind kongruente und parallel zueinander liegende Kreise, aber auch elliptische Grundflächen sind möglich.
Zylinder begegnen uns täglich als Säulen, Konservendosen, Papierrollen u.v.m.

Merke:

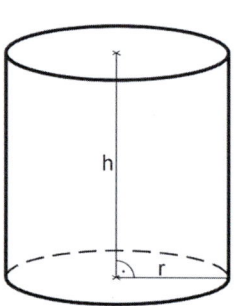

- Die Mantelfläche ist aufgerollt ein Rechteck.

- Die Höhe eines Zylinders ist der Abstand zwischen den beiden parallelen Ebenen.

- Durchmesser (d) = 2 Radien (r)

- Es gibt gerade und schiefe Zylinder.

Formeln:

Oberfläche:	$O = 2\pi \bullet r \bullet (r + h)$
Mantel:	$M = 2 \bullet \pi r h$
Volumen:	$V = r^2 \bullet \pi \bullet h$

Beispielaufgabe:

Berechnen Sie Volumen und Oberfläche einer Schaumstoffnackenrolle in Zylinderform, die einen Kreisdurchmesser von 12 cm und eine Rollenlänge von 45 cm hat.

Lösung:

Volumen: $V = r^2 \bullet \pi \bullet h \ = \ 6^2 \bullet \pi \bullet 45 \ = \ \underline{5.089,38 \text{ cm}^3}$

Oberfläche: $O = 2\pi \bullet r \bullet (r + h) = 2\pi \bullet 6 \bullet (6 + 45) = 1.922,6547 \approx \underline{\underline{1.922,65 \text{ cm}^2}}$

Übungsaufgaben:

1. Die Stützsäule in einem Verkaufsraum mit einem Durchmesser von 75 cm und einer Höhe von 3,80 m wird mit Velourstapete beklebt.
   Wie viel m² Tapete sind erforderlich?

2. 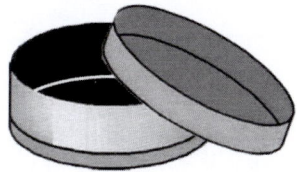 Ein aufblasbares Badebecken mit einem inneren Durchmesser von 1,70 m soll 30 cm hoch mit Wasser gefüllt werden.
   Wie viel Liter sind das?

3. Für die Anfertigung von runden 50 cm hohen Sitzelementen wurden pro Stück 8.482,30 cm² Stoff für die Mantelfläche verarbeitet.
   Wie groß ist der Durchmesser der kreisrunden Sitzfläche?
   Wie viel dm³ ist das Volumen?
   Wie schwer ist ein Sitzelement bei der Verwendung von Schaumstoff RG50 (50 kg/m³)?

4. Für das Anrühren von Tapetenkleister steht ein Plastikgefäß mit einem Durchmesser von 28 cm und 42 cm Höhe zur Verfügung.
   Reicht die Füllung eines Eimers für das Verkleben von 25 normalen Tapetenrollen (≈ 5,3 m²/Rolle), wenn für 1 m² ein Verbrauch von 0,175 Liter angenommen wird?

5. Anlässlich einer Werbeaktion für neue Kosmetika wird die vergrößerte Nachbildung einer Cremeschachtel aus fester Pappe gebaut.
   Wie viel m² Pappe sind für die Fertigung dieser Attrappe notwendig, wenn ihr Durchmesser 140 cm beträgt und die Höhe des Unterteils 39 cm und die Höhe des Deckels 15 cm wird?

6. Berechnen Sie die Größe der Werbefläche von der abgebildeten Litfaßsäule.

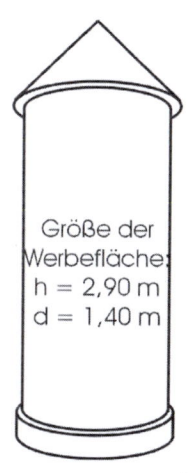

Größe der
Werbefläche:
h = 2,90 m
d = 1,40 m

15.5.   Pyramide

Ein Körper mit einem Vieleck als Grundfläche, der dreieckige Seitenflächen hat, die in einer Spitze zusammenlaufen, heißt Pyramide. Pyramiden haben also keine Deckflächen.

Merke:

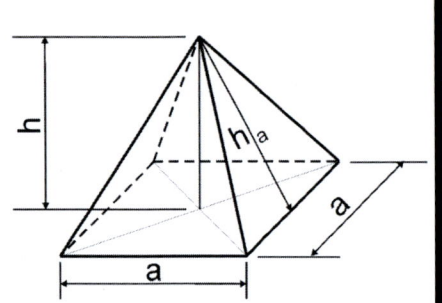

- Die Grundfläche kann beliebig viele Ecken haben.

- Eine Pyramide hat mindestens 3 Seitenflächen (Dreiecke).

- Die Höhe ist der kürzeste Abstand von der Spitze zur Grundfläche.

- Die Gesamtheit der Seitenflächen ist die Mantelfläche.

Formeln:

$$\text{Oberfläche:} \quad O = A + M$$

$$\text{Mantel:} \quad M = \frac{u \bullet h_a}{2}$$

$$\text{Volumen:} \quad V = \frac{1}{3} A \bullet h$$

Beispielaufgabe:

Berechnen Sie das Volumen und die Mantelfläche einer Pyramide mit quadratischer Grundfläche und den Maßen: a = 45 cm; h = 75 cm und h_a = 78,3 cm.

Lösung:

Volumen: $V = \frac{1}{3} A \bullet h = \frac{1}{3} \, 45 \bullet 45 \bullet h = 50.625 \text{ cm}^3 = \underline{\underline{50,625 \text{ dm}^3}}$

Mantel: $M = \frac{u \bullet h_a}{2} = \frac{4 \bullet 45 \bullet 78,3}{2} = 7.047 \text{ cm}^2 \approx \underline{\underline{0,705 \text{ m}^2}}$

Übungsaufgaben:

1. Als Kundenauftrag ist ein Kinderzelt in Form einer Pyramide mit quadratischer Grundfläche anzufertigen. Die Seite des Bodens ist 120 cm breit, das Zelt soll 160 cm hoch werden, die Seitenwände sind in diesem Fall 171 cm hoch.
Berechnen Sie den Zeltstoffverbrauch (einschließlich Bodenfläche).

2. Berechnen Sie von der abgebildeten Pyramide mit rechteckiger Grundfläche den Rauminhalt.

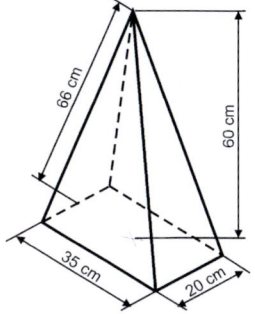

3. Ein Reisebüro benutzt eine aus Sperrholz hergestellte Pyramide mit quadratischer Grundfläche als Werbeträger, indem es auf den 4 Seitenflächen der Pyramide für eine Nil-Schiffsreise wirbt. (s = 2 m; h = 2 m; hs = 2,24 m)
Wie groß ist die Fläche, die für die Werbung zur Verfügung steht?

4. Für die Gestaltung einer Freifläche werden 3 Pyramiden aus Edelstahl gefertigt. Die Grundflächen der Pyramiden sind gleichseitige Dreiecke mit einer Seitenlänge von 50 cm. Hoch werden die Modelle 85 cm, die Seitenflächen dagegen 87,7 cm.
Wie viel m² Edelstahl wird für diese Pyramiden gebraucht? (Die Grundflächen bleiben offen.)

5. Bei einem Marktkiosk, es handelt sich um einen Pavillon mit quadratischer Grundfläche, muss das pyramidenförmige Dach repariert werden. Das Dach ist an jeder Seite 3,40 m lang, die Höhe einer Dachseite beträgt 2,55 m, das Dach selbst ist 1,90 m hoch.
   a. Wie viel m² beträgt die Dachfläche, die überarbeitet und wetterfest gemacht werden soll?
   b. Welches Volumen hat der Dachraum?

15.6. Pyramidenstumpf

Der Pyramidenstumpf ist ein Teil der Pyramide. Er entsteht, indem von einer Pyramide, parallel zur Grundfläche, eine kleine Pyramide oben abgeschnitten wird.

Merke:

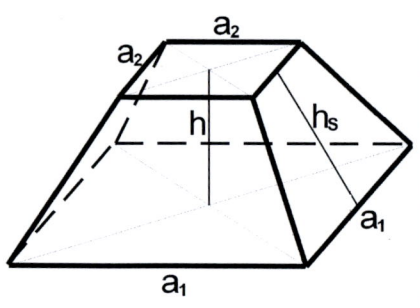

- Die beiden parallelen Flächen sind einander ähnlich, die Seiten beider Flächen haben das gleiche Verhältnis.
- Die größere der beiden parallelen Flächen ist die Grundfläche, die kleinere ist die Deckfläche.
- Der (senkrechte) Abstand zwischen den beiden parallelen Flächen ist die Höhe des Pyramidenstumpfes.

Formeln:

Oberfläche: $O = A_G + A_D + M$

Mantel: $M = \dfrac{u_1 + u_2}{2} \bullet h_S$

Volumen: $V = \dfrac{h}{3} \bullet \left(A_G + \sqrt{A_G A_D} + A_D \right)$

Beispielaufgabe:

Berechnen Sie das Volumen, den Oberflächeninhalt und die Mantelfläche des abgebildeten Pyramidenstumpfes.

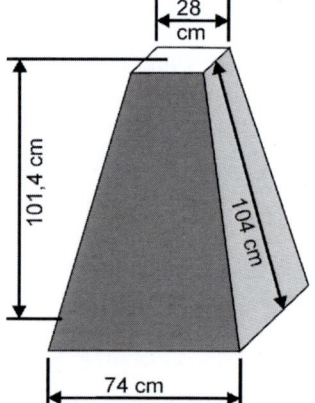

28 cm

101,4 cm

104 cm

74 cm

124

Lösung:

Volumen:

$$V = \frac{h}{3} \bullet \left(A_G + \sqrt{A_G A_D} + A_D\right) = \frac{101,4}{3} \bullet \left(74^2 + \sqrt{74^2 \bullet 28^2} + 28^2\right) \approx 0,282 \text{ m}^3$$

Mantel: $\quad M = \frac{u_1 + u_2}{2} \bullet h_S = \frac{4 \bullet 74 + 4 \bullet 28}{2} \bullet 104 \approx 2,122 \text{ m}^2$

Oberfläche: $\quad O = A_G + A_D + M = 74^2 + 28^2 + 21216 \approx 2,748 \text{ m}^2$

Übungsaufgaben:

1. Als Auftragsarbeit eines Zauberkünstlers soll für ihn ein reparaturbedürftiges Utensil restauriert werden. Dabei handelt es sich um eine Kiste in Form eines Pyramidenstumpfes mit quadratischer Grundfläche. Diese Kiste, die 0,80 m hoch ist, deren größere Grundfläche 1,50 m breit und die kleinere Deckfläche 1,00 m breit sind und die Seitenflächen eine Höhe von 0,84 m aufweisen, soll mit Samt überzogen werden.
    Berechnen Sie den Bedarf dieses Bezugsmaterials.

2. Für den Spielplatz eines Kinderhortes ist ein Indianer-Tipi aus Polyacrylgewebe herzustellen. Die Form ist ein Pyramidenstumpf mit einer sechseckigen Grundfläche. Die Seitenlänge des unteren Sechsecks beträgt 150 cm und eine Seite der sechseckigen Öffnung oben misst 10 cm. Das Tipi hat eine Höhe von 280 cm, die Seitenwand ist 300 cm hoch.
    Wie viel m² Polyacrylgewebe werden gebraucht, wenn der Boden und die Öffnung oben frei bleiben?

3.  Für das Aufstellen von Schaufensterfiguren und –büsten sollen Holzstandplatten gefertigt werden. Als Material verwenden wir 50 mm starke Tischlerplatten, aus denen wir Quadrate mit der Seitenlänge 40 cm aussägen. Diese Quadrate werden dann an ihren 4 Seiten so abgeschrägt, dass sie Pyramidenstümpfe werden. Die Kantenlänge der Grundseite bleibt also 40 cm, die Deckflächenseite verkürzt sich auch 34 cm.
    Wie viel cm³ Abfall entsteht bei der Herstellung eines jeden Standfußes?

4. Zur Präsentation von Exponaten auf einer Kunstgalerie werden 8 Aufbauelemente gebraucht. Diese sollen die Form von Pyramidenstümpfen haben, sind aus Styroporblöcken herzustellen und mit Wildleder-Imitat zu überziehen. Die Größenangaben der Körper: a1 = 53 cm; a2 = 42 cm; h = 40 cm; ha = 42 cm.
    a. Berechnen Sie das Volumen der 8 Aufbauelemente.
    b. Wie viel m² Leder werden verarbeitet, wenn die gesamte Oberfläche bezogen wird?

15.7.   Kegel

Ein Kegel ist ein geometrischer Körper mit einer gekrümmten Oberfläche, der durch einen Kreis (Grundfläche) und einen Punkt, der außerhalb des Kreises liegt (Spitze des Kegels), begrenzt wird.

Merke:

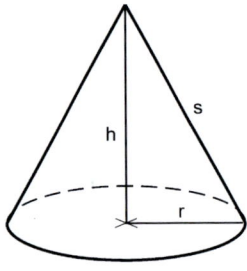

> * Geometrische Kegel haben nichts mit den 9 Spielfiguren zu tun.
> * Kegel haben keine Deckfläche, die Mantelfläche läuft in der Spitze zusammen
> * Der Abstand vom Kreis zu Spitze ist die Höhe des Kegels.

Formeln:

Oberfläche:	$O = \pi r \bullet (r + s)$
Mantel:	$M = \pi \bullet r \bullet s$
Volumen:	$V = \dfrac{\pi}{3} \bullet r^2 \bullet h$

Beispielaufgabe:

Berechnen Sie vom abgebildeten Kegel das Volumen, die Mantel- und die Oberfläche. (d = 45 cm; h = 72 cm; s = 75,4 cm)

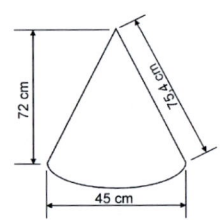

Lösung:

Volumen: $V = \dfrac{\pi}{3} \bullet r^2 \bullet h = \dfrac{\pi}{3} \bullet 22{,}5^2 \bullet 72 = 38.170{,}35 \text{ cm}^3 \approx \underline{\underline{0{,}038 \text{ m}^3}}$

Mantel: $M = \pi \bullet r \bullet s = \pi \bullet r \bullet s = 5.329{,}7119 \text{ cm}^2 \approx \underline{\underline{0{,}533 \text{ m}^2}}$

Oberfläche: $O = \pi r \bullet (r + s) = \pi \bullet 22{,}5 \bullet (22{,}5 + 75{,}4) = 6.920{,}143 \text{ cm}^2 \approx \underline{\underline{0{,}692 \text{ m}^2}}$

Übungsaufgaben:

1. Als Spielgerät für das Kinderbetreuungszimmer eines Kaufhauses soll ein Kegel aus Schaumstoff geschnitten werden, der mit Stoff bezogen wird. Die Grundfläche ist 46 cm im Durchmesser, hoch ist der Kegel 65 cm.
    a. Wie viel cm³ Schaumstoff wird für den Kegel gebraucht?
    b. Wie viel m² Stoff sind bereitzustellen, wenn wegen Naht und Verschnitt 22 % mehr verbraucht werden?

2. Aus einem DIN A1-Kartonbogen (Rohformat; 61 cm x 86 cm) wird entsprechend der nebenstehenden Skizze die Mantelfläche eines Kegels ausgeschnitten und zur Zuckertüte für die ABC-Schützen-Dekoration geformt.
    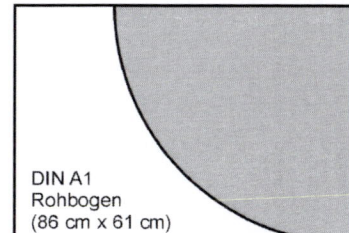
    a. Wie groß ist die Mantelfläche der Zuckertüte?
    b. Welches Volumen hat die Zuckertüte?

3. Für das Aufschütten eines 2 m hohen kegelförmigen Kieshügels auf einem Abenteuerspielplatz mussten 32 m³ Kies antransportiert werden. Welchen Durchmesser und welchen Umfang hat der Hügel?

15.8.   Kegelstumpf

Wenn wir vom Kegel die Spitze parallel zur Grundfläche abschneiden, bleibt ein Kegelstumpf übrig. Das abgeschnittene Stück heißt Ergänzungskegel.

Merke:

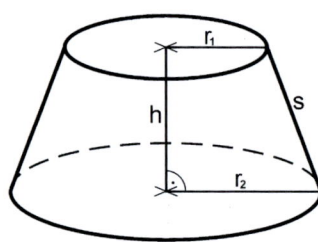

* Die beiden parallelen Kreisflächen sind unterschiedlich groß, sie haben verschiedne Durchmesser (d_1 bzw. d_2) und Radien (r_1 bzw. r_2).
* Die große Kreisfläche ist die Grundfläche, die kleine die Deckfläche.
* Der Abstand zwischen den beiden Kreisflächen ist die Höhe des Kegelstumpfes.

Formeln:

Volumen:	$V = \dfrac{\pi h}{3} \bullet \left(r_1{}^2 + r_1 r_2 + r_2{}^2\right)$
Oberfläche:	$O = \pi \bullet r_1{}^2 + \pi \bullet r_2{}^2 + \pi s \bullet \left(r_1 + r_2\right)$
Mantel:	$M = \pi s \bullet \left(r_1 + r_2\right)$

Beispielaufgabe:

Ein Pflanzkübel hat folgende Maße: Bodendurchmesser = 46 cm; oberer Durchmesser = 60 cm, Höhe des Kübels = 54 cm; Höhe des Holz (-Mantels) = 54,5 cm.
Wie viel m³ Erde passt in den Kübel?
Wie viel cm² Holz wurde bei dem Kübel verarbeitet (mit Boden)?

Lösung:

Volumen: $V = \dfrac{\pi h}{3} \bullet \left(r_1{}^2 + r_1 r_2 + r_2{}^2\right) = \dfrac{\pi \bullet 54}{3} \bullet \left(23^2 + 23 \bullet 30 + 30^2\right) = \underline{\underline{0,12 \text{ m}^3}}$

Mantel + Boden: $M = \pi s \bullet \left(r_1 + r_2\right) = \pi \bullet 54,5 \bullet \left(23 + 30\right) = 9.074,49 \text{ cm}^2$

$A_{Kreis} = r^2 \bullet \pi = 23^2 \bullet \pi = 1.661,90 \text{ cm}^2$

insgesamt: $9.074,49 \text{ cm}^2 + 1.661,90 \text{ cm}^2 = 10.736,39 \text{ cm}^2 \approx \underline{\underline{1,074 \text{ m}^2}}$

Übungsaufgaben:

1. Ein nicht mehr benötigter Kegel aus Holz mit dem Durchmesser d = 80 cm und der Höhe h = 90 cm wird in halber Höhe parallel zur Grundfläche durchgesägt. Der entstehende Kegelstumpf wird farbig gestaltet und soll als Aufbauelement (Podest zur Warenpräsentation) genutzt werden.
    Wie viel cm² des Kegelstumpfes bekommen Farbe, wenn der Mantel und die Deckfläche angestrichen werden?

2. Wandfarbe wird in Gebinden verkauft, die einen oberen Durchmesser von 21 cm, einen unteren Durchmesser von 19 cm und eine Höhe von 19 cm haben. Der Verbrauch an Farbe wird mit 125 ml/m² angegeben.
    Wie viel m² können mit dem Inhalt dieses Eimers gestrichen werden?

3. Für das Aufstellen von Grünpflanzen in einer Einkaufspassage werden 10 Blumenkübel (Größe siehe Abbildung!) angeschafft. Blumenerde wird in 25-Liter-Säcken angeboten.
    Wie viel Säcke Blumenerde werden zum Füllen der Kübel gebraucht?

    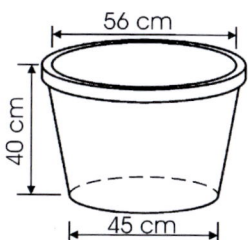

4. Als Blickfang für eine Spielwarenmesse wird ein großer Würfelbecher aus Leder hergestellt. Der Becher ist 50 cm hoch, hat einen Bodendurchmesser von 30 cm und die obere Öffnung misst 40 cm.
    Berechnen Sie den Lederbedarf in m².

5. Ein Lampenschirm in Form eines Kegelstumpfes soll neu mit Stoff ummantelt werden. Der untere Kreis hat einen Durchmesser von 56,8 cm und der obere von 32,8 cm. Die Seitenhöhe ist 38,8 cm.
    Berechnen Sie den Stoffverbrauch.

6. Zur Produktpräsentation auf einer Messe werden 5 Aufbauelemente in Form eines Kegelstumpfes benötigt. Hergestellt werden diese jeweils aus einem Styropor-Block. Anschließend werden die Kegelstümpfe allseitig mit Kunstleder überzogen. Die Aufbauelemente sollen folgende Maße haben: oberer Durchmesser = 0,45 m; unterer Durchmesser = 1,25 m; Höhe des Körpers = 1,04 m; Höhe der Seite = 1,12 m. Das Kunstleder muss erst noch bestellt werden. Es liegt 1,40 m breit und kostet 5,79 € pro Meter.
    a. Wie viel m³ Styropor beinhalten die 5 Körper?
    b. Wie viel m² Kunstleder werden verarbeitet?
    c. Wie viel kostet das Kunstleder?

7. Der Farbenhandel liefert weiße Wandfarbe in Ei-
mern, die einen ellipsenförmigen Boden und Deckel
haben. Die Maße des Bodens: der große Durchmesser = 28 cm und der kleine Durchmesser = 20 cm;
der Deckel hat die Maße: großer Durchmesser = 34 cm und der kleine Durchmesser = 26 cm.
Der Eimer ist 25 cm hoch und trägt den Auf-
druck: „Ergiebig, 10 Liter für ca. 70 m²!"
Für wie viel m² reicht nun aber der ganze Eimer?

15.9. Kugel

Die Kugel ist der gleichmäßigste aller geometrischen Körper, bei dem alle Punkte der Oberfläche gleich weit vom Mittelpunkt entfernt sind. Die Bezeichnung
Kugel wird gleichermaßen für die Oberfläche wie auch für den Körper der Kugel
benutzt.

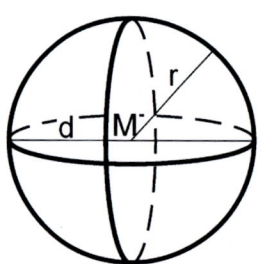

Merke:

- Die Kugel besitzt weder Kanten noch E-
  cken.
- Eine Kugel hat keinen Mantel.
- Jede Schnittfläche durch eine Kugel ist
  ein Kreis.

Formeln:

Volumen:	$V = \dfrac{4}{3}\,\pi\,r^3$ oder $V = \dfrac{\pi}{6}\,d^3$
Oberfläche:	$O = 4\,\pi\,r^2$ oder $O = \pi\,d^2$

130

Beispielaufgabe:

Berechnen Sie das Volumen und die Oberfläche einer Kugel mit einem Durchmesser von 1,50 m.

Lösung:

Volumen: $V = \dfrac{\pi}{6} d^3 = \dfrac{\pi}{6} 1,5^3 = 1,76714... \approx \underline{\underline{1,77 \text{ m}^3}}$

Oberfläche: $O = \pi d^2 = \pi\, 1,5^2 = 7,06858... \approx \underline{\underline{7,07 \text{ m}^2}}$

Übungsaufgaben:

1. Eine Deckenlampe besteht aus einem kugelförmigen Glaskörper mit einem Durchmesser von 24 cm.
   Berechnen Sie das Volumen und die Oberfläche des Lampenkörpers.

2. Für eine Dekoration sind 3 Kugeln aus Styropor mit farbigem Wollfilz zu bekleben. Die Kugeln haben einen Durchmesser von 56 cm.
   Wie viel dm³ Styropor beinhalten die 3 Kugeln?
   Wie viel cm² Wollfilz wird benötigt?

3. Zur Verzierung der Treppengeländer auf einer Event-Bühne werden 8 Massivholzkugeln mit einem Durchmesser von 10 cm bei einem Holzversand bestellt. Die Kugeln sind aus Buchenholz und haben eine Dichte von 0,80 g/cm³.
   Wie groß ist die Oberfläche einer Kugel?
   Wie schwer wird die Sendung mit den 8 Kugeln?

4. Bei der Schaufenstergestaltung mit Sommer- und Bademoden wird als Dekorationselement unter anderem ein Wasserball verwendet. Aufgeblasen hat er einen Durchmesser von 90 cm. Da er so aber optisch zu groß wirkte, wurde $^1/_3$ der Luft heraus gelassen.
   Wie groß ist jetzt der Durchmesser des Wasserballs?

16. Zeichnerische Darstellung von Räumen und Körpern

Zu den Aufgaben eines Gestalters/einer Gestalterin für visuelles Marketing gehört der Aufbau von Präsentationsräumen. Das können Schaufenster sein, Messestände und Messehallen, Ausstellungs- und Veranstaltungsräume oder Festplätze und –bühnen.

Eine unverzichtbare Möglichkeit, dem Auftraggeber die eigenen Ideen, die Entwürfe und die Konzeption unterbreiten und mit ihm beraten zu können, ist das Anfertigen von Zeichnungen. Das kann anfangs eine „Faustskizze" sein, die schnell und frei Hand mit Bleistift angefertigt wird, die dann aber später eine perspektivische Darstellung sein sollte, um den räumlichen Eindruck des Präsentationsraumes oder des Präsentationsobjektes zu vermitteln.

Aufgabe der perspektivischen Zeichnung ist es, auf einem ebenen Blatt den Eindruck einer 3.Dimension und damit einer realistischeren Vorstellung entstehen zu lassen. Ein Nachteil ist, dass Längenverhältnisse und Winkel nicht immer erhalten bleiben, was zu Verzerrungen führt.

Dazu gibt es verschiedene Darstellungsarten. Wir kennen die am häufigsten zur Anwendung kommenden Parallel- und Zentralprojektionen. Welche Methode auch zum Einsatz kommt, es sind alle nur mit Verzerrungen möglich und damit auch mit Ungenauigkeiten.

Messbare Zeichnungen liefern dagegen die Tafelprojektionen, auch Normalprojektionen genannt. Der Betrachter kann das dargestellte Objekt definieren und somit exakt realisieren. Die Tafelprojektion ist eine wichtige Form des technischen Zeichnens. Wir erläutern später die bekannte Dreitafelprojektion.

16.1. Parallelprojektion

Bei der Parallelprojektion, das sagt schon der Name, werden alle in der Wirklichkeit parallel verlaufende Linien auch parallel gezeichnet. Es gibt also keinen Fluchtpunkt. Zu den gebräuchlichsten Arten der Parallelprojektion zählen die Kavalierperspektive sowie die dimetrische und isometrische Projektion. Nachstehend werden diese kurz erläutert.

16.1.1. Kavalierperspektive

Die Kavalierperspektive zeigt die Vorderansicht unverzerrt. Deshalb ist sie geeignet, wenn etwas Wichtiges in der Vorderansicht dargestellt werden soll.

Merke:

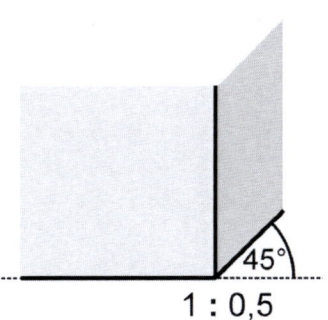

1 : 0,5

- Horizontale und vertikale Linien bleiben unverkürzt.

- Linien in die Tiefe werden um 50 % verkürzt,

- Tiefen verlaufen im 45°-Winkel zur Waagerechten.

Die Konstruktion in der Kavalierperspektive ist die einfachste Variante einer perspektivischen Darstellung. Sie ist anschaulich und leicht zu zeichnen.
Die Kanten der Flächen (Höhen und Breiten), die parallel zur Bildebene liegen, bleiben ungekürzt, und die Winkel werden unverzerrt wiedergegeben. Nur die in die Tiefe verlaufenden Kanten verkürzen sich um die Hälfte, angetragen werden sie in einem 45°-Winkel zur Waagerechten.

16.1.2. Dimetrische Projektion

Die dimetrische Projektion wird dann gewählt, wenn das Wesentliche in der Vorderansicht dargestellt werden soll und die Zeichnung einen Eindruck von Räumlichkeit erzeugen soll.

Merke:

1 : 0,5

- Vertikale Linien unverkürzt.

- Von den beiden in die Tiefe laufenden Linien wird die eine im 7°-Winkel und die andere im 42°-Winkel zur Waagerechten gezeichnet.

- Die am 7°-Winkel anliegende Linie wird unverkürzt gezeichnet.

- Die andere Linie, die am 42°-Winkel anliegt, wird um 50 % gekürzt dargestellt.

Auf Grund ihrer Natürlichkeit und naturgetreuen Wiedergabe zählt die dimetrische Projektion zu den am häufigsten verwendeten Zeichnungsarten. Ein Nachteil dieser Zeichnung ist, dass die Maße nur teilweise direkt abgenommen werden können, da alle Flächen verzerrt dargestellt werden und die Winkel nicht stimmen.

16.1.3. Isometrische Projektion

Für eine isometrische Darstellung entscheidet man sich, wenn alle 3 Ansichten gleichwertig wiedergegeben werden sollen.

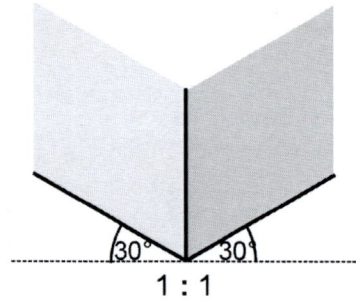

1 : 1

Merke:

- Alle 3 Linien (Seiten) werden unverkürzt gezeichnet.

- Beide in die Tiefe gehenden Linien liegen 30° zur Waagerechten.

Die isometrische Darstellung liefert ein anschauliches Bild. Vorteilhaft ist, dass ein direktes Abnahmen der Maße möglich ist. Nicht ablesbar dagegen sie die Winkel. Beide Faktoren zusammen bewirken den Eindruck einer verzerrten Breite des Objektes.

16.2.   Zentralprojektion

Die Zentralprojektion ist ein Verfahren der Fluchtpunktperspektiven. Das Auge wird auf einen Punkt gelenkt. In diesem Punkt treffen sich scheinbar die parallel liegenden Linien. Die bekannteste Form ist die Betrachtung mit einem Fluchtpunkt, es sind jedoch auch zwei und drei Punkte üblich.

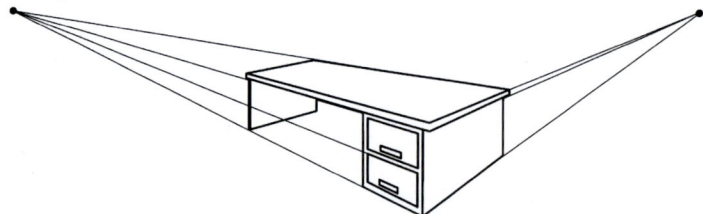

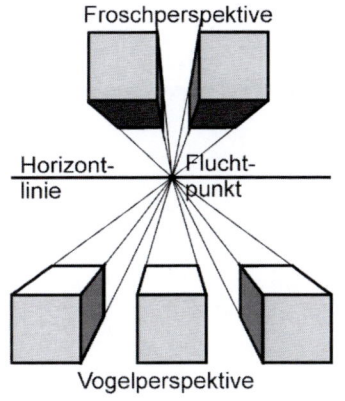

Merke:

- Die Horizontlinie ist keine feststehende Linie. Sie wird durch die Augenhöhe des Betrachters bestimmt.

- Der Fluchtpunkt liegt auf der Horizontlinie. Er ist abhängig vom Standort und Blickwinkel des Betrachters (Frosch-, Vogelperspektive)

- Bei den Fluchtpunktperspektiven gibt es die Frontalperspektive (1 FP), die Schrägperspektive (2 FP) und die Luftperspektive (3 FP).

Die Senkrechten bleiben weiterhin senkrecht, dagegen werden die Waagerechten kürzer. Dadurch entsteht verstärkt der Eindruck einer Perspektive.

16.3. Dreitafelprojektion

Die Dreitafelprojektion ist ein Verfahren, um ein räumliches Objekt zeichnerisch in drei verschiedenen ebenen Ansichten darzustellen. Das sind die Vorderansicht, die Draufsicht und die Seitenansicht. Da eine eindeutige Rekonstruktion des Körpers aus der Projektion möglich ist, wird die Dreitafelprojektion z.B. für die Darstellung von Werkstücken eingesetzt.

Merke:

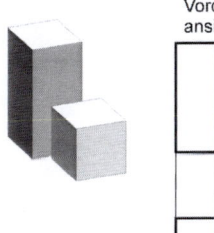 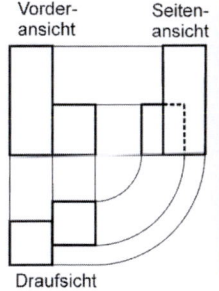

- Bei der Dreitafelprojektion werden die Punkte eines Körpers auf drei Flächen projiziert.

- Die Flächen stehen senkrecht aufeinander.

- Es gibt auch eine Zweitafelprojektion.

Übungsaufgabe:

1. Zeichnen Sie den abgebildeten Schaufensterraum in Kavalierperspektive (Maßstab 1 : 50).

2. Das nebenstehende Modell ist in der Dreitafelprojektion zu zeichnen. (Maßangaben in der Skizze: cm; Maßstab für die Projektion 1 : 10)

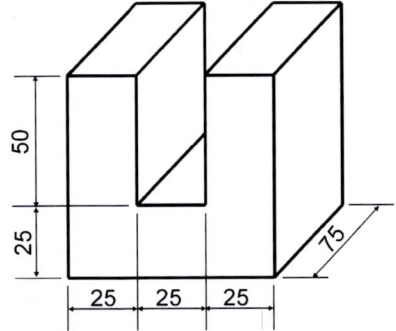

3. Zeichnen Sie in isometrischer Projektion das abgebildete Präsentations-Aufbauelement. Es ist ein Pyramidenstumpf mit quadratischer Grundfläche. (Maßstab 1 : 1)

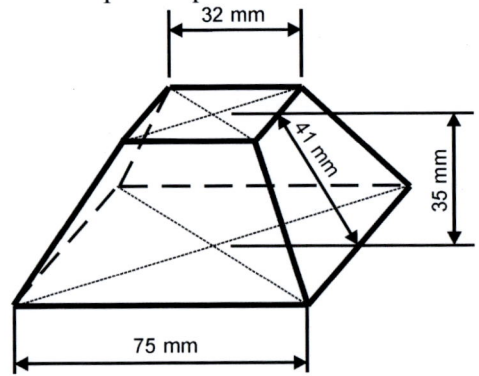

17. Material für Wandverkleidung

Zum regelmäßigen Aufgabenbereich eines Gestalters für visuelles Marketing gehört es, Materialmengen und –kosten zu kalkulieren und den Einsatz der einzelnen Ressourcen unter wirtschaftlicher Sicht zu realisieren.

Dabei spielen Stoffe, Folien, Tapeten, Kunststoffe, Holzplatten und –leisten, Farben und Leuchtmittel eine wichtige Rolle.

Die Ermittlung des Bedarfs an Tapeten und textilen Stoffen wird deshalb nachfolgend behandelt.

17.1. Tapeten als Wandbekleidung

Das Tapezieren von Schaufenstern, Messeständen, Ausstellungsräumen etc. ist eine schnelle, saubere und kostengünstige Methode, um den entsprechenden Objekten Farben, Muster- oder Struktureffekte zu geben. Während für Schaufenster hauptsächlich einfarbige Tapeten verwendet werden, schließlich sollen die Waren zur Geltung kommen, kann bei anderen Objekten gestreifte Musterung die optische Größe der Räumlichkeit beeinflussen bzw. durch gezielten Einsatz von Musterungen eine optische Tiefe erzielt werden.

Welche Absicht auch verfolgt wird, es stehen für jede Gelegenheit die verschiedensten Tapetenarten zur Verfügung. Diese Unterschiedlichkeit besteht aber nicht nur im Design, sondern auch in der Qualität, im Material, im Preis, in der Rollengröße und in der Verarbeitungsweise.

Tapetenarten sind z.B.

Papiertapete	Papierprägetapete	Raufasertapete
Textiltapete	Vliesfasertapete	Vinyl- oder PVC-Tapete
Metallfolientapete	Velourstapete	Bildtapete
Naturwerkstofftapete		

Die einzelnen Tapetenarten haben unterschiedliche Rollenmaße. Die Standardgröße einer Europarolle ist 10,05 m x 0,53 m, das Maß der meisten Tapeten.

Raufaserrollen sind dagegen 33,50 m lang, es gibt sie aber auch als Großrolle mit den Maßen 125 m x 0,75 m. Textiltapetenrollen sind wiederum 10,05 m lang, jedoch häufig 1,06 m breit. Korktapetenrollen haben eine Fläche von 9,15 m x 0,76 m, also etwas ganz anderes.

Die Kenntnis zum jeweiligen Rollenmaß ist jedoch eine wichtige Angabe, um den Materialbedarf für die vorgesehene Arbeit ermitteln zu können. Zu berücksichtigen ist außerdem, ob es sich um eine ansatzfreie Tapete handelt, ob ein Muster, ein Rapport zu beachten ist.

Die Tapeten-Bedarfsermittlung geschieht in 4 Schritten:
1. In welcher Länge müssen die Bahnen zugeschnitten werden?
2. Wie viel Bahnen sind insgesamt erforderlich?
3. Wie viel Bahnen können aus einer Rolle geschnitten werden?
4. Wie viel Rollen werden benötigt?

Zu 1.

Der Raum bzw. das zu tapezierende Objekt wird an der höchsten Stelle gemessen. Bei einer ansatzlosen Tapete rechnet man ca. 5 cm für den Verschnitt dazu.

Bei Tapeten mit einem Versatzmuster wird die Raumhöhe durch die Rapporthöhe dividiert. Ist das Ergebnis eine ganze Zahl, ist die Raumhöhe auch gleichzeitig die Bahnlänge. Ergibt sich bei der Division eine Dezimalzahl, was meistens der Fall ist, wird das Ergebnis **immer** auf eine **ganze Zahl aufgerundet**.

Zur Ermittlung der Bahnlänge wird diese ganze Zahl mit der Mustergröße (dem Rapport) multipliziert.

Zu 2.

Zur Errechnung der erforderlichen Zahl von Tapetenbahnen wird der Umfang des zu tapezierenden Raumes (Summe aller Wandlängen) durch die Rollenbreite dividiert. Beim Standardformat der Euro-Tapete wäre der Teiler also 0,53 m. (In der Praxis wird meistens rund mit 0,50 m gearbeitet.)

Das Ergebnis wird **immer** auf eine **ganze Zahl aufgerundet**.

Der errechnete Rollenbedarf verringert sich, wenn Fenster, Türen oder andere Einsparungen zu berücksichtigen sind. Dafür ist dann allerdings zu überprüfen, ob die beim Bahnenzuschnitt anfallenden Reste als Kurzstücke über Türen, über und unter Fenstern verarbeitet werden können oder ob unter Berücksichtigung des Rapports gesondert zugerissen werden muss.

Zu 3.

Die Rollenlänge, geteilt durch die unter Pkt. 1 ermittelte Bahnlänge, ergibt die Anzahl der Bahnen, die aus einer Rolle geschnitten werden können. Ein dezimaler Wert wird **immer** auf eine **ganze Zahl abgerundet**.

Der bei der Division entstehende Dezimalwert ist ein Reststück, dessen Verwendung gesondert zu bewerten ist (Tür, Fenster).

Zu 4.

Die Anzahl der Rollen errechnet sich durch Division der Gesamtzahl der Bahnen (Ergebnis von Pkt. 2) durch die Zahl der Bahnen pro Rolle (Ergebnis von Pkt. 3). Da es nur ganze Rollen zu kaufen gibt, muss das Ergebnis ganzzahlig sein bzw., es muss **immer** auf ein **ganze Zahl aufgerundet** werden.

Beispielaufgabe:

Der Stand einer Messe (Breite 4,60 m, Höhe 3,00 m, Tiefe 2,80 m) soll an der Rückseite und an den beiden Seitenwänden mit einer Mustertapete (Rapporthöhe = 32 cm) tapeziert werden.
Wie viel Rollen müssen dazu beschafft werden?

Lösung:

Vergleiche Pkt.1:
3,00 m (Wandhöhe) **:** 0,32 m /Rapporthöhe) = 9,375 Muster,
immer aufrunden: also 10 Musterhöhen;
10 Muster x 0,32 m (Rapport) = 3,20 m (Bahnlänge)

Vergleiche Pkt. 2:
2,80 m (linke Seite) + 4,60 m (Rückwand) + 2,80 m (rechte Seite) = 10,20 m
10,20 m **:** 0,53 m (Rollenbreite) = 19,245 Bahnen,
immer aufrunden: also insgesamt 20 Bahnen

Vergleiche Pkt. 3.

10,05 m (Rollenlänge) : 3,20 m (Bahnlänge) = 3,14 Bahnen,

immer abrunden: also 3 Bahnen/Rolle

(es bleibt ein Reststück von 0,45 m übrig.)

Vergleiche Pkt. 4.

20 Bahnen (insgesamt) : 3 Bahnen (pro Rolle) = 6,666 Rollen,

immer aufrunden: Also 7 Rollen müssen bereitgestellt werden.

Übungsaufgaben:

1.   Ermitteln Sie für das abgebildete Schaufenster
   a.   die zu schneidende Bahnlänge,
   b.   die Anzahl der Bahnen,
   c.   die Anzahl der Bahnen pro Rolle und,
   d.   die Gesamtzahl der Rollen

   wenn Normaltapete mit einem Musterrapport von 0,42 m verwendet wird.

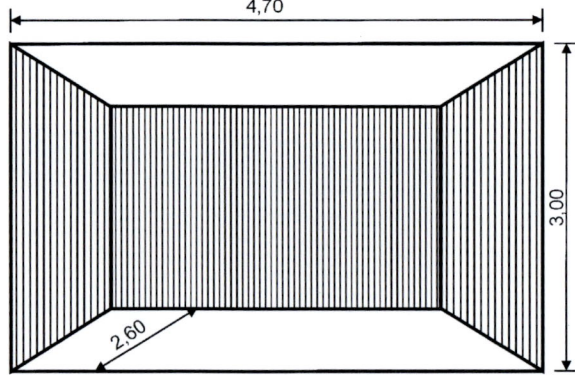

2.   Die beiden Seitenwände (je 3,50 m breit und 2 m hoch) und die Rückwand
   (5 m breit und 2 m hoch) eines Ausstellungsstandes werden mit ansatzlosen Euro-Tapeten-Rollen beklebt.
   Berechnen Sie die benötigte Rollenzahl.

140

3. Um eine optische Vergrößerung des Präsentationsraumes zu erreichen, wird lediglich die 2,90 m hohe und 5,10 m breite Rückwand mit Papiertapete (normales Maß und 27 cm Rapporthöhe) tapeziert.
Wie viel Rollen Tapete sind erforderlich?

4.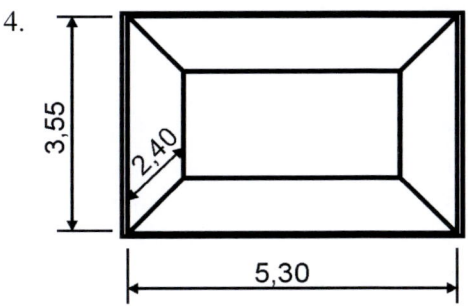

Alle 12 Schaufenster eines Kaufhauses sollen jeweils an den Seiten- und Rückwänden mit Raufaser beklebt und dann unifarben gestrichen werden.
Welcher Preis ist für die Tapete zu kalkulieren, wenn Großrollen (125 x 0,75) verwendet werden, die Rolle 30,95 € kostet und der Lieferant 12 % Mengenrabatt gibt?

17.2. Klebstoffverbrauch beim Tapezieren

Die Befestigung der Tapete auf dem zu gestaltenden Untergrund erfolgt mittels Kleister. Davon gibt es fast genau so viel verschiedene Arten wie unterschiedliche Tapetensorten.

So wird für Papiertapeten ein normaler Zellulosekleister verwendet. Dabei handelt es sich um ein wasserlösliches und im Verbrauch weitreichendes Produkt. Entsprechend des Verwendungszwecks ist schon das Ansatzverhältnis (Mischungsverhältnis mit Wasser) unterschiedlich, wie auch die verschiedensten Kleisterhersteller unterschiedliche Angaben zu ihren Produkten machen.

Entsprechend der Empfehlung eines (Marken-) Herstellers werden folgende Mischungsansätze und Reichweiten eines Kleisterpäckchens (200 g Inhalt) für die Verarbeitung von Papiertapeten genannt:

Verwendungszweck	Mischungsverhältnis	Reichweite
Vorkleistern	1 : 50 (10 l Wasser)	100 m²
leichte Papiertapeten	1 : 45 (8 ¾ l Wasser)	50 m² (≈ 10 Rollen)
normale Papiertapeten	1 : 38 (7 ½ l Wasser)	40 m² (≈ 8 Rollen)
schwere Papiertapeten	1 : 30 (6 ¼ l Wasser)	30 m² (≈ 6 Rollen)

Für andere Tapeten, wie z.B. Struktur-, Präge- und Vinyltapeten, auch für Raufaser, gibt es einen Spezialkleber, der für diese schweren Tapeten auch eine verstärkte Klebekraft besitzen muss. Daraus resultieren auch andere Ansatzverhältnisse und reichweiten:

Verwendungszweck	Mischungsverhältnis	Reichweiten
Vorkleistern	1 : 40 ($\approx$ 8 l Wasser)	80 m²
alle genannten Tapeten	1 : 20 ($\approx$ 4 l Wasser)	25 m² (ca. 5 Normalrollen bzw. 1,5 Rollen Raufaser)

Diese Aufzählung ließe sich für weitere Tapetenarten fortsetzen. Für spezielle Tapetensorten gibt es auch Kleister und Kunststoffdispersionskleber mit unterschiedlichen Verwendungsangaben.

Es ist deshalb ratsam, sich schon bei der Planung eines Vorhabens mit den Eigenschaften der Tapete und der dazu gehörenden Kleisterempfehlung vertraut zu machen.

Übungsaufgaben:

1.   Sie wollen Kleister für das Tapezieren normaler Papiertapeten ansetzen. Als Verbraucherhinweis ist auf der 200-g-Packung für diesen Zweck das Ansatzverhältnis 1 : 37 angegeben.
     Für wie viel Liter Wasser ist das Päckchen ausreichend?

2.   Für Großabnehmer bietet ein Unternehmen Kleister in 7,5-kg-Sacken an.
     Wie viel Euro-Rollen leichter Papiertapeten können mit dieser Menge verklebt werden?

3.   Raufaser-Kraft-Kleister wird u.a. in 500-g-Packungen angeboten.
     Wie viel dieser Pakete sind erforderlich, wenn er zum Verkleben von insgesamt 10 Großrollen Raufaser ausreichen soll?

17.3.   Textiler Stoff als Wandbespannung

Es müssen nicht immer Tapeten sein. Alternativ zum Tapezieren bieten sich textile Stoffe zur Bespannung von
Schaufensterwänden und anderen Flächen an. Mit Stoff
bespannte Wände können sehr dekorativ sein und dem zu
gestaltenden Objekt eine elegante Atmosphäre verleihen.

Geeignet sind dafür alle Stoffe mit einer entsprechenden
Festigkeit. Es können robuste und preiswerte Baumwoll-, Deko- und Leinenstof-
fe ebenso verwendet werden wie Kunstfaserstoffe oder Dekorationsfilz.

Bei der Wahl des richtigen Stoffes ist natürlich das Gestaltungskonzept aus-
schlaggebend, aber auch das Budget wird mit zur Entscheidung beitragen müssen. Sind diese Dinge berücksichtigt worden, steht immer die Frage:

Wie viel Stoff wird benötigt?

Bedacht werden muss in diesem Zusammenhang, ob eine einfache glatte Verspannung vorgesehen ist oder ob Falten gelegt werden sollen. Während bei glat-
ter Verspannung weniger Stoff verbraucht wird, es ist lediglich das Zusammen-
nähen der Bahnen zu berücksichtigen, gelten bei der Faltentechnik folgende
Richtwerte:

Beim Legen einfacher Falten rechnet man mit der dreifachen Stoffmenge, bei der
sogenannten Doppelfaltentechnik plant man 2,5 mal die zu bespannende Breite
ein, bei der Zick-Zack-Faltung ist es das 1,5-fache.

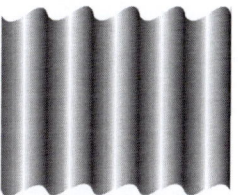
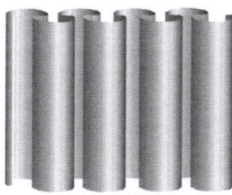
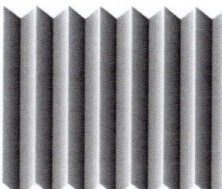

| Einfache Falten | Doppelfalten | Zick-Zack-Falten |

Die erforderliche Menge wird auch dadurch bestimmt, wie breit der Stoff liegt.
Breiterer Stoff erfordert weniger Bahnen, und es sind auch weniger Nähte erforderlich.

Da das Spannen des Stoffes in der Regel über Holzrahmen erfolgt (Es gibt aber
auch spezielle Kunststoffleisten.), sind beim Zuschneiden der Bahnen oben und
unten jeweils ca. 10 cm zuzurechnen, die dann über den Rahmen gespannt wer-

den und zur unsichtbaren Befestigung auf der Rahmenrückseite dienen. Diese Methode wird bevorzugt eingesetzt, sie ist leicht zu handhaben und ermöglicht problemlos eine verzugsfreie Verspannung.

Beispielaufgabe:

Ein Schaufenster ist 5,80 m breit, 3,40 m hoch und 3,55 m tief. Die Wände sind mit Deko-Molton glatt zu bespannen, der 1,30 m breit liegt.
Wie viel Molton muss bestellt werden?

Lösung:

3,40 m (Fensterhöhe) + 0,20 m (Zugabe oben und unten) = 3,60 m (Bahnlänge)

3,55 m (Seitenbreite) : 1,30 m (Bahnbreite) = 2,73...; **aufgerundet** 3 Bahnen

3 Bahnen schließen 2 Nähte ein, für die je 2 cm abgezogen werden. Also: 3 Bahnen x 1,30 m – 2 x 2 cm (Nähte) – 2 x 10 cm (Verspannung links und rechts) = 3,66 m Breite, die für die Bespannung einer Seitenwand ausreichen.

5,80 m (Rückwand) : 1,30 m (Bahnbreite) = 4,461...; **aufgerundet** 5 Bahnen

5 Bahnen bedeutet 4 Nähte sowie Spannen links und rechts, also 5 x 1,30 m - 4 x 2 cm – 2 x 10 cm = 6,42 m, die für die Rückwand reichen.

Gesamtbedarf:
3 Bahnen jeweils für linke und rechte Seite + 5 Bahnen für die Rückwand = 11 Bahnen
11 Bahnen x 3,60 m = 39,60 lfd. m Deko-Molton sind erforderlich.

Übungsaufgaben:

1. Ihre Aufgabe besteht darin, für eine Saisonmodenschau den 4 m breiten, 12 m langen und 1 m hohen Laufsteg mit Samtstoff mit Doppelfalten zu bespannen. Bei dieser Bespannungsart müssen Sie die 2 ½-fache Stoff-menge kalkulieren. Im günstigsten Angebot, das Sie bekamen, kostet die Stoffrolle (30 m x 1,10 m) ohne Umsatzsteuer 125,70 €. Meterware kostet beim Abnehmen von weniger als einer Rolle der lfd. Meter 4,49 € (netto). Berechnen Sie die Bruttokosten des benötigten Stoffs.

144

2. Der Stand auf einer Buchmesse ist an den beiden Seitenwänden und an der Rückwand mit einfacher Faltung zu bespannen. Der Stoff liegt 1,80 m breit und kostet (netto) 7,69 € je lfd. Meter.

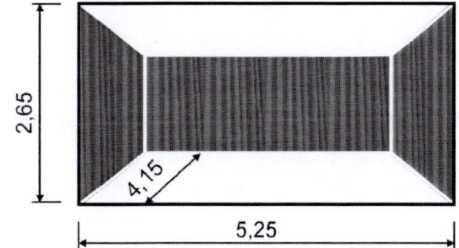

a. Wie lang muss eine Bahn geschnitten werden?
b. Wie viel Bahnen sind erforderlich für eine Seiten- und die Rückwand?
c. Wie viel lfd. Meter Stoff werden benötigt?
d. Wie viel kostet der Stoff (ohne MwSt.)?

3.

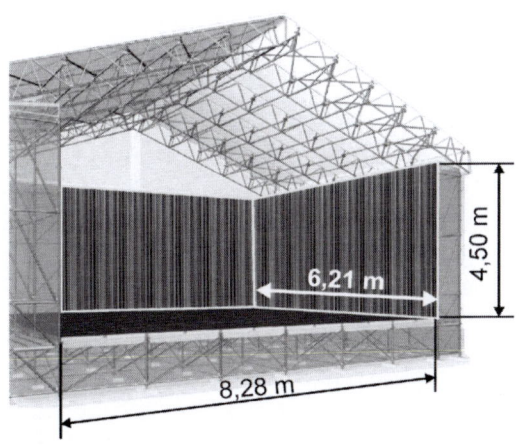

Die Rückwand und die beiden Seitenwände der abgebildeten Event-Bühne (8,28 m breit, 6,21 m tief, 4,50 m hoch) sollen mit 1,50 m breitem Polyester-Taft bespannt werden. Bei der vorgesehenen einfachen Faltung ist die dreifache Menge an Stoff veranschlagen. (Berücksichtigen Sie den Zuschlag zum Verspannen.)

a. Wie viel lfd. Meter des Stoffs werden gebraucht?
b. Berechnen Sie die Kosten für diesen Stoff bei einem Preis von 4,15 € je Laufmeter und 3,74 € ab dem 30.Laufmeter.

18.   Elektrische Energie

Elektroenergie ist ein wichtiger Faktor bei der Kalkulation von Betriebskosten. Sie ist aber auch eine unverzichtbare Ressource für das visuelle Marketing. Elektroenergie ist für das Betreiben elektrischer Arbeitsgeräte (Sägen, Bohr- und Nähmaschinen, Bügeleisen, Reproduktionsapparatur etc.) genau so notwendig wie für die richtige Be- und Ausleuchtung von Warenpräsentationen (Schaufenster, Verkaufs- und Messestände etc.).

18.1.   Elektrische Leistung und Stromkosten

Elektrische Leistung ist das Produkt aus Spannung mal Strom. Die Maßeinheit dafür ist Watt.

Wenn wir davon ausgehen, dass uns in der Regel für die Benutzung der elektrischen Geräte in der Werkstatt oder auch bei der Beleuchtung für Schaufenster eine Spannung von 220 Volt zur Verfügung steht, dann entscheidet doch der zweite Faktor Stromstärke (Ampere) über die elektrische Leistung (Watt), ein höherer Strom bedeutet schließlich mehr Leistung.

Betrachten wir diesen Zusammenhang einmal umgekehrt. Wir verwenden bei der Beleuchtung z.B. 40-Watt-Glühlampen, 60-Watt- oder 100-Watt-Lampen. Je größer diese Leistungsangabe ist, desto heller leuchtet die Lampe auch. Da wir jedoch nur eine konstante Spannung von 220 Volt (bzw. 230 V) haben, kann diese größere Leistung doch auch nur entstehen, wenn mehr Strom fließt. (Entsprechende Angabe zur elektrischen Leistung eines Stromverbrauchers findet man auf dem Typenschild.) Die Benutzung elektrischer Geräte bedeutet also Stromverbrauch, mehr oder weniger, und damit fallen Kosten an, geleistete elektrische Arbeit muss bezahlt werden.

Diese Abrechnung erfolgt in Kilowattstunden (kWh). Ein Verbrauch von einer Kilowattstunde entsteht, wenn ein 1000-Watt-Gerät eine Stunde betrieben wurde.

(1 Kilowatt = 1.000 Watt)

Beispielaufgabe:

Wie viel Kosten entstehen, wenn ein Werkstattraum durch 15 Leuchtstoffröhren mit je 36 Watt 9 Stunden beleuchtet wird und die kWh 19,9 Cent kostet?

146

Lösung:

1 Lampe	1.000 W	1 h	19,9 ct
15 Lampen	36 W	9 h	x ct

$$x = \frac{15 \bullet 36 \bullet 9 \bullet 19,9}{1 \bullet 1.000 \bullet 1} = 96,714 \text{ ct} \approx 97 \text{ ct}$$

Übungsaufgaben:

1. Die elektrischen Werkzeuge einer Werkstatt haben insgesamt eine Leistungsaufnahme von 2.000 Watt und sind täglich 8 Stunden in Betrieb.
   Wie hoch sind die Stromkosten in einer 5-Tage-Arbeitswoche bei einem kWh-Preis von 18,8 ct?

2. Die Beleuchtung in der Werkstatt wird von normalen Glühlampen auf Sparlampen umgestellt. Die bisherigen 10 Stück 100-Watt-Glühlampen werden durch 40-Watt-Lampen ersetzt. Die Lampen sind innerhalb eines Jahres an 254 Tagen durchschnittlich 5 h täglich in Betrieb.
   Welche Einsparung ergibt sich wenn der Preis 1 kWh = 16,9 ct beträgt?

3. In einem Warenhaus werden die Verkaufsräume von insgesamt 240 Leuchtstoffröhren zu je 36 Watt und 60 Glühlampen zu je 100 Watt beleuchtet.
   a. Wie hoch ist der Stromverbrauch innerhalb eines Monats, wenn wir von 25 Betriebstagen und einem täglichen Betrieb von 10 Stunden ausgehen?
   b. Wie hoch sind die monatlichen Stromkosten, wenn 1 kWh 0,12 € kostet?

4. In einer Marketing-Werkstatt sind folgende elektrischen Verbraucher im Einsatz:
   ◆ 1 Computerarbeitsplatz mit 550 Watt
   ◆ 1 Nähmaschine mit 260 Watt
   ◆ 1 Bügeleisen mit 400 Watt
   ◆ 1 Radio mit 40 Watt
   ◆ 6 Deckenleuchten zu je 100 Watt
   Alle Verbraucher sind am Tag 7,5 Stunden in Betrieb. Den Monat berechnen wir mit 21 Arbeitstagen.
   a. Wie hoch ist der monatliche Stromverbrauch?
   b. Welche monatlichen Stromkosten entstehen bei einem Preis von 16,5 ct je kWh?

5. Zur Beheizung eines Werkstattraumes wird ein Radiator benutzt, der eine Leistungsaufnahme von 2.200 Watt besitzt und der von Montag bis Donnerstag je 4 Stunden in Betrieb ist, am Freitag sind es nur 2 Stunden. Wie viel Heizungskosten fallen innerhalb eines Jahres an, wenn wir von 46 Arbeitswochen und einem Strompreis von 15,8 ct je kWh ausgehen?

6. Wie lange war ein Kompressor von 500 Watt in Betrieb, wenn bei einem Strompreis von 0,16 € je kWh 10 € Kosten angefallen sind?

18.2.   Schaufensterbeleuchtung

Licht zählt neben den Farben mit zu den wichtigsten Gestaltungsmitteln in der Werbung. Statistiken besagen, dass ca. 70 % der Werbewirkung vom Licht abhängt. Grund genug, die Waren stets ins richtige Licht zu setzen, - und das im wahrsten Sinne des Wortes, denn Licht macht die Ware erst sichtbar, macht die Warenpräsentation erst wahrnehmbar. Bei einer richtigen Beleuchtung und durch eine spezielle Ausleuchtung werden Effekte, Stimmungen und Wirkungen erzielt, die ein unverzichtbares Mittel der Verkaufsförderung darstellen. Aus diesem Grund ist es wichtig, dass das Licht von Beginn an in die Planung einer Warenpräsentation einbezogen wird.

Dabei spielt die Art der Lichtquellen eine ebenso entscheidende Rolle wie die einzusetzenden Beleuchtungsstärken.

Bei der Beleuchtungsart wird nach Allgemeinbeleuchtung, Akzentbeleuchtung und Effektbeleuchtung unterschieden.

Die Allgemeinbeleuchtung hat die Aufgabe, den Raum auszuleuchten. Deshalb genügen hier oft schon einfache Glühlampen und Leuchtstoffröhren.

Die Akzentbeleuchtung setzt gebündeltes Licht (z.B. Punktstrahler) ein, um Wichtiges und Neues hervorzuheben, um Stimmungen und Wirkung zu erzeugen bzw. zu verstärken.

Die Effektbeleuchtung soll dagegen zusätzliche Aufmerksamkeit erzeugen und sich von der Umgebung abheben. Das wird erreicht, indem bewegtes, blinkendes und farbiges Licht eingesetzt wird. Auch ganze computergesteuerte Lichtprogramme werden dazu vom Gestalter für visuelles Marketing entwickelt.

Bei der Auswahl der Beleuchtungsart sind weitere lichttechnische Werte zu beachten.

Unter anderem spielen folgende Größen eine entscheidende Rolle.

a.   Lichtstrom: (Maßeinheit: Lumen; lm)
      Damit wird die gesamte Lichtleistung einer Lichtquelle bewertet.

b.   Beleuchtungsstärke: (Maßeinheit: Lux; lx)
      Das auf einer Fläche auftreffende Licht wird in Lux gemessen.

Als Orientierungswerte für die Beleuchtungsstärke (lx) eines Schaufensters gelten:

	in Großstädten	in Kleinstädten	auf dem Lande
in ruhigen und unbelebten Straßen	200 – 400 Lux	150 – 300 Lux	-----
für eine mittelmäßig belebte Straße	400 – 800 Lux	300 – 500 Lux	100 – 200 Lux
für eine stark belebte Hauptgeschäftsstraße	800 – 1.500 Lux	500 – 800 Lux	200 – 400 Lux

Diese Beleuchtungsstärken werden errechnet, indem der Lichtstrom (lm) durch die zu beleuchtende m²-Fläche dividiert wird.

Und umgekehrt: Der Lichtstromwert (lm) ergibt sich aus dem Produkt der erforderlichen Beleuchtungsstärke (lx) multipliziert mit der m²-Fläche.

Formel:

$$lx = \frac{lm}{m^2} \qquad \text{und} \qquad lm = lx \bullet m^2$$

Beispielaufgabe:

Das Schaufenster eines an einer mittelmäßig belebten Straße einer größeren Stadt liegenden Geschäftes hat eine Grundfläche von 8 m² und soll mit herkömmlichen 40-Watt-Lampen mit 415 Lumen ausgeleuchtet werden.

Wie viel Lampen müssen eingesetzt werden?

Lösung:

Auf Grund der Geschäftslage gehen wir von einer notwendigen Beleuchtungsstärke von 600 Lux aus.

Daraus folgt die Rechnung: $600 \, lx \cdot 8 \, m^2 = 4.800 \, lm$

und weiter: $4.800 \, lm : 415 \, lm/Lampe = 11,5\ldots \approx \underline{\underline{12 \, Lampen}}$

Übungsaufgaben:

1. Das Schaufenster eines Warenhauses in einer sehr stark belebten Hauptgeschäftsstraße ist 12 m² groß und soll mit LED-Sparlampen ausgeleuchtet werden.
    Wie viel 13-Watt-Lampen mit 1.000 lm sind erforderlich?

2. Berechnen Sie die erforderliche Lampenzahl für ein Schaufenster, das in einer Hauptgeschäftsstraße einer Großstadt liegt und deshalb mit 1.200 Lux ausgeleuchtet werden soll. Die Schaufensterfläche ist 16 m² groß. Es sollen Leuchtstofflampen mit 40 Watt und 3.500 Lumen eingesetzt werden
    Mit wie viel Lux beleuchten 3 Stück 100-Watt-Glühlampen und je 1.340 Lumen eine Ausstellungsvitrine mit einer Grundfläche von 5 m²?

3. Ein Kaufhaus hat insgesamt 12 Schaufenster mit je 18 m² zu beleuchtende Grundfläche. Da das Geschäft in einer stark belebten Geschäftsstraße einer Kleinstadt liegt, planen wir mit einer Beleuchtungsstärke von 800 Lux pro Schaufenster.
    a. Wie viel Leuchtstofflampen TC-EL mit 55 Watt und 4.800 Lumen sind für jedes Schaufenster notwendig?
    b. Welche Stromkosten entstehen für die 12 Schaufenster im Monat (30 Tage), wenn die Lampen täglich 11 h brennen müssen und die kWh 14,9 Cent kostet?

19.   Kalkulation

Ein Unternehmen, also auch eine Marketingabteilung, hat als wirtschaftliche Hauptziele die Liquidität des Betriebes und das Erreichen von Gewinn. Beides sind wichtige Eigenschaften für das Bestehen und die erfolgreiche Weiterentwicklung des Unternehmens.

Voraussetzung einer solchen Existenz ist, dass die erzeugten Waren sowie die erbrachten Leistungen zum richtigen Preis verkauft werden. Diesen zu ermitteln ist Aufgabe der Kalkulation.

Das berufsspezifische Tätigkeitsprofil eines Gestalters für visuelles Marketing erfordert, dass er mehrere Kalkulationsarten kennen muss.

Die **Bezugskalkulation** ist, wie es schon der Name sagt, zur Berechnung des Preises da, zu dem die Marketingabteilung Materialien, Dekorations- und Werbeelemente, Werkzeuge usw. bezieht. Sie ist damit eine wichtige Grundlage für den Vergleich von Angeboten.

Die **Zuschlagskalkulation** ist dagegen ein Instrument, mit dem der Angebotspreis für eine erbrachte Arbeit berechnet wird, wie z.B. die Dekoration von Schaufenstern und Verkaufständen, die Planung und Gestaltung von Ausstellungen und Messen, die Herstellung von Dekorationselementen und vieles mehr.

19.1.   Bezugskalkulation

Die Bezugskalkulation ist ein Vergleich des Einstandspreises (Bezugspreises) zwischen verschiedenen Anbietern.

Beispielaufgabe:

Die Werkstatt der Marketingabteilung eines Warenhauses beabsichtigt den Kauf mehrerer Elektrowerkzeuge. Ihr liegen dazu zwei Angebote vor.
Angebot A: Listenpreis 590,- €; 30 % Liefererrabatt; kein Skonto; Bezugskosten 15,- €
Angebot B: Listenpreis 560,- €, 20% Liefererrabatt, 3 % Liefererskonto, Lieferung frei Haus.
Welches Angebot ist vorteilhafter?

Lösung:

	Angebot A		Angebot B	
Listeneinkaufspreis		590,00 €		560,00 €
- Liefererrabatt in %	30 %	177,00 €	20 %	112,00 €
Zieleinkaufspreis		413,00 €		448,00 €
- Liefererskonto in %	0 %		3 %	13,44 €
Bareinkaufspreis		413,00 €		434,56 €
Bezugskosten		15,00 €		0,00 €
Bezugspreis (Einstandspreis)		428,00 €		434,56 €

Erläuterungen zur obigen Bezugskalkulation:

Listeneinkaufspreis	Nettopreis aus der Preisliste des Lieferers
- Liefererrabatt in %	In der Preisliste genannter oder vereinbarter Prozentsatz für Mengen-, Treue-, Sonderrabatt.
Zieleinkaufspreis	
- Liefererskonto in %	Kann bei fristgerechter Zahlung der Rechnung gewährt werden.
Bareinkaufspreis	
Bezugskosten	Porto für Pakete, Fracht für Lkw oder Bahn, Lager-, Verpackungs- und Transportversicherungskosten
Bezugspreis (Einstandspreis)	Anbieter A ist beim obigen Beispiel um 6,56 € günstiger.

Merke:

- Die Umsatzsteuer (Mehrwertsteuer) ist nicht Bestandteil der Kostenkalkulation.

- Die Handelsspanne wird durch die Differenz zwischen Listenverkaufspreis und Einstandspreis bestimmt. D.h., die Summe aller Kosten, die dem Unternehmen durch Handlungstätigkeit entstehen (Personalkosten, Mieten, Steuern, Werbung, Verwaltungskosten, Abschreibung) plus der Gewinn bilden die Handelsspanne.

Übungsaufgaben:

1. Für 100 lfd. Meter Dekorationsstoff – DIN 4102 (schwer entflammbar) sind folgende Angebote eingegangen:
   Lieferant A: 3,89 €/m; Verpackung 18 €; Porto 9,90 €; Liefererrabatt 18%; Liefererskonto 4% innerhalb von 5 Tagen bei einem Zahlungsziel von 20 Tagen
   Lieferant B: 4,42 €/m; Verpackung 15 €; Porto 9,90 €; Liefererrabatt 30%; Liefererskonto 2% innerhalb von 5 Tagen, Zahlungsziel 20 Tage
   Bestimmen Sie den günstigeren Lieferanten!

2. Für die Bespannung eines Messestandes werden 8 Rollen Dekorationsstoff B1-DIN 4102 (schwer entflammbar) gebraucht. In einem Angebot beträgt der Listenpreis für diese 8 Rollen 818,- €.
   Ermitteln Sie den Bezugspreis, wenn der Lieferant bei Abnahme dieser Menge einen Rabatt von 15 % gibt, bei Einhaltung einer Zahlungsfrist 2 % Skonto gewährt und pro Rolle 2,50 € Bezugskosten berechnet.

3. Geplant ist der Kauf von 100 Rollen Raufaser. Es liegen 3 Angebote vor. Vergleichen Sie und ermitteln Sie das günstigste Angebot.

	Angebot A	Angebot B	Angebot C
Listenpreis (je Rolle)	5,80 €	6,10 €	5,90 €
Rabatt	8 %	9 %	7,5 %
Skonto	1,5 %	netto Kasse	2 %
Bezugskosten	Je 25 Stück 3,- €	ab 100 Stück kostenfrei	pauschal 7,- €

4. Für das Anbringen einer großflächigen Außenwerbetafel mieten Sie bei einem Logistikunternehmen einen Plattenlift. Die Preisliste weist folgende Mietsätze aus: 15,- € pro Tag plus 4,50 € für die 1.Stunde, 3,50 € für die 2.Sunde, 2,75 € für die 3.Stunde und für jede weitere angefangene Stunde 2,25 €. Ausgeliehen wurde der Lift an einem Tag von 9,45 Uhr bis 15,15 Uhr.
    Wie viel € betragen die Mietkosten für diesen Tag?

5. Für den Bau eines Messestandes benötigen Sie 100 Stück MDF-Platten (5 x 2070 x 2800). Sie haben folgende Angebote eingeholt:
    Lieferant A: Listenpreis 6,99 €/Stück; Fracht 40 €; Versicherung 20 €; Verpackung 20 €; Liefererrabatt 22%; Liefererskonto 2% bei Zahlung innerhalb von 10 Tagen, Zahlungsziel 30 Tage
    Lieferant B: Listenpreis 6,50 €/Stück; Fracht 45 €; Versicherung 40 €; Liefererrabatt 20%; Zahlung in bar
    Lieferant C: Listenpreis 6,70 €/Stück; Fracht 20 €; Versicherung 15 €; Verpackung 30 €; Liefererrabatt 15%; Liefererskonto 3% bei Zahlung innerhalb von 8 Tagen, Zahlungsziel 30 Tage
    Welcher Lieferant ist der günstigste Anbieter?

	Lieferant A	Lieferant B	Lieferant C
Listeneinkaufspreis			
- Liefererrabatt			
Zieleinkaufspreis			
- Liefererskonto			
Bareinkaufspreis			
+ Fracht			
+ Verpackung			
+ Versicherung			
Einstandspreis (gesamt)			
Einstandspreis (Stück)			

6. Bei einem Kundenauftrag sind Sie für die Materialbeschaffung verantwortlich. Unter anderem werden 50 lfd. Meter Grasmatten (Grasimitat auf Gewebeträger) benötigt.
    Folgendes Angebot liegt Ihnen vor:

Angebot: Grasmatte 1,30 m breit Listenpreis: je lfd. Meter 10,80 € Rabatt: 18 %	Skonto: 2,5 % Bezugskosten: 25,50 €

Berechnen Sie den Bezugspreis unter Nutzung der Zahlungsbedingung. (Umsatzsteuer unberücksichtigt lassen.)

7. Für das Umhüllen von 5 Säulen einer Schaufensterpassage mit Hartfaser-platten werden nach grobem Überschlag 86 m² Platten und 215 m Holzlat-ten benötigt. Für die Materialbeschaffung liegen Ihnen 2 Angebote vor:
Lieferer A: Hartfaserplatten 1,89 €/m²; Holzlatten 0,35 €/m; Liefererrabatt 5 %; Lieferkosten 24,- €
Lieferer B: Hartfaserplatten 2,09 €/m²; Holzlatten 0,48 €/m; Liefererrabatt 15 %; Lieferung frei Haus
Wie viel € kostet das gesamte Material bei dem günstigeren Anbieter? (Umsatzsteuer bleibt unberücksichtigt.)

8. Sie erhalten den Auftrag, 15 der abgebildeten Werbetafeln (5,80 m x 2,50 m) zu überarbeiten und beidseitig mit Dispersionsfarbe zu streichen. Laut Verbrauchsangabe benötigt man 0,200 Liter pro m² bei einmaligem Anstrich. Die Farbe ist in 12,5-Liter-Gebinden erhältlich und kostet 35,- € (netto).
Berechnen Sie die Kosten für die Farbe, wenn der Lieferer 15 % Rabatt und 3 % Skonto gewährt. (Umsatzsteuer unberücksichtigt lassen)

19.2.   Zuschlagskalkulation

Die Zuschlagskalkulation hat ihre Bezeichnung, weil zu den Einzelkosten die Gemeinkosten über entsprechende Zuschlagssätze hinzugerechnet werden. Ein-zelkosten entstehen z.B. durch Stücklisten oder Vorgabezeiten und werden dem Kostenträger direkt zugeschrieben. Gemeinkosten dagegen sind indirekte Kosten. Diese werden im Betriebsabrechnungsbogen (BAB) ermittelt, indem über einen bestimmten Zeitraum alle nicht unmittelbar anzurechnenden Kosten (z.B. Kosten für Lagerung und Ausgabe von Material, Heizungs-, Energie- und Reinigungs-kosten, Gehälter der kaufmännischen Angestellten, Büroeinrichtungen und – material, Werbung, Porto usw.) erfasst und entsprechend eines Verteilerschlüs-sels den einzelnen Kostenstellen als Zuschlagsprozentsätze zugerechnet werden.

Die Zuschlagskalkulation kommt beim Berechnen der Angebotspreise (Vorkal-kulation) und auch beim späteren Kontrollieren der tatsächlichen Kostenhöhe (Nachkalkulation) zur Anwendung, wobei letztere eine Gegenüberstellung (Kon-trollrechnung) der Ist-Kosten mit der Vorkalkulation ist.

Beispielaufgabe:

Für ein Reisebüro ist aus Styropor ein stilisiertes Hochgebirge als Werbeträger anzufertigen.

Material: Styropor 67,- €; Farbe 28,40 €; Pauschale für Kleinmaterial 4,60 €; Arbeitszeit für Entwurf und Anfertigung: 8 Stunden zu je 16,80 €; Materialgemeinkosten 5%; Fertigungsgemeinkosten 110%; Verwaltungsgemein-kosten 8%; Vertriebsgemeinkosten 7% und eine Gewinnspanne von 25% Kundenrabatt 15% und Kundenskonto 2%

Zu welchem Preis bieten Sie diesen Werbeträger an?

		Vorkalkulation		Summe
Fertigungsmaterial		100,00 €		
+ Materialgemeinkosten	v.H.	5%	5,00 €	
= Materialkosten				105,00 €
+ Fertigungseinzelkosten		134,40 €		
= Fertigungsgemeinkosten	v.H.	110%	147,84 €	
= Fertigungskosten				282,24 €
= Herstellkosten (MK + FK)				387,24 €
+ Verwaltungsgemeinkosten	v.H.	8%	30,98 €	
+ Vertriebsgemeinkosten	v.H.	7%	27,11 €	
= Selbstkosten				445,33 €
+ Gewinnzuschlag	v.H.	25%	111,33 €	
= Barverkaufspreis				556,66 €
+ Kundenskonto	i.H.	2%	11,36 €	
= Zielverkaufspreis				568,02 €
+ Kundenrabatt	i.H.	15%	100,24 €	
= Angebotspreis				668,26 €

Übungsaufgaben

1. Bei der Umgestaltung der Verkaufsstände eines Warenhauses unter Be-rücksichtigung von saisonalem Sortiment sind Materialkosten in Höhe von 1.500,- € und Lohnkosten von 625,- € angefallen.

   Dem BAB sind folgende Gemeinkostenzuschläge zu entnehmen: 10% Ma-terial-, 95 % Fertigungs-, 20% Verwaltungs- und 5% Vertriebsgemeinkos-ten.

   Ermitteln Sie die Selbstkosten dieser Aktion!

2. In Verantwortlichkeit für die Marketingabteilung eines Kaufhauses planen Sie einen Jahresgewinn von 70.000,- €.
Der Kalkulationszuschlag beträgt 40 %.
Folgende Kosten werden kalkuliert:
Personalkosten: 145.000;- €
Zinsen: 35.000,- €
Abschreibung (AfA) 60.000,- €
Sonstige Kosten   200.000,€
Wie viel Umsatz muss mindestens erreicht werden, um den geplanten Gewinn zu erzielen?

3. Ein selbständiges Marketing-Unternehmen plant mit einem monatlichen Umsatz von durchschnittlich 60.000,- €. Dabei wird ein Kalkulationszuschlag von 100 % zugrunde gelegt. Dieser beinhaltet u.a. den kalkulatorischen Unternehmerlohn von 7.500,- €, die Gehälter seiner 3 Mitarbeiter von je 1.800,- €, den beabsichtigten Gewinn von 5.000,- €, die Verwaltungs- und Betriebskosten von 8.400,- € sowie die Miete für 110 m² eines zweiten Agenturbüros in exklusivster Lage in einer anderen Stadt. Dort beträgt der m²-Mietpreis 40,- €.
Kann dieses Büro aus betriebswirtschaftlicher Sicht weiter geführt werden oder ist eine Verkleinerung ratsam – oder sollte es gänzlich aufgegeben werden?

4. Bei einem Eckstand auf einer Messe (7 m breit, 3 m tief, 3 m hoch) soll die Rück- und die eine Seitenwand beidseitig mit bedrucktem Stoffbespannt werden. Ausgewählt wurde ein Stoff, der 1,50 m breit liegt und von dem der lfd. m 9,90 € kostet. Für die Anfertigung der Spannrahmen werden insgesamt 64 m Leisten benötigt. Wegen des anfallenden Verschnittes kalkulieren wir 10 % mehr Leisten. Diese sind 2,40 m lang und kosten 1,31 € pro Stück. Für Kleinmaterial (Winkel, Haken, Nägel, Schrauben) fallen 24,95 € an. An Arbeitsstunden sind je 12 h eines Gesellen (21,50 €/h) und eines Auszubildenden (7,40 €/h) vorgesehen.
Errechnen Sie die Kosten, wenn 23 % Materialgemeinkosten, 165 % Lohngemeinkosten, 18 % Verwaltungsgemeinkosten, 10 % Gewinn, 4 % Kundenskonto und die gesetzliche Umsatzsteuer zu berücksichtigen sind?

5. Ein Unternehmen beabsichtigt, die Marketing-GmbH mit der Planung und Gestaltung des Ausstellungsstandes anlässlich einer Fachmesse zu beauftragen. Es wird jedoch zuvor um einen Kostenvoranschlag gebeten. Folgendes fließt darin ein:

Vorbereitendes Gespräch, Entwurfsskizzen etc.	500,00 €
Für den Aufbau der Wände:	
85 lfd. Meter Dekorationsstoff, 1,40 m breit	4,29 €/m
60 m Holzleisten, 5 x 30 mm	0,92 €/m
33 m Borte	1,35 €/m
Kleinmaterial (Winkel, Schrauben usw.)	27,00 €
Arbeitszeit Wände: 2 Mitarbeiter je 12 h	je 23,60 €/h
Für den Bodenbelag:	
22 m² Bodenbelag	22,10 €/m²
6 m Übergangsschienen	12,40 €/m
2 Rolle doppelseitiges Klebeband	4,20 €/Rolle
1 Rollen Sockelleistenband, 50 m	7,55 €
14 m Sockelleisten	4,69 €/m
Arbeitszeit Boden 4 h Geselle	je 21,40 €/h
4 h Azubi	je 7,40 €/h
Für die Ausstattung des Standes:	
Leihgebühr Pult ¼ Bogen	140,00 €
4 Sessel, gepolstert	24,00 €/Stück
1 Tisch	32,00 €
2 Prospektständer	42,00 €/Stück
1 Garderobenständer	20,00 €
Stromanschluss (Pauschale)	138,00 €
3 Halogenfluter, 300 W	32,00 €/Stück
Wasseranschluss (Pauschale)	370,00 €
Arbeitszeit Standbau 4 h Meister	34,60 €/h
6 h Geselle	21,40 €/h
4 h Azubi	7,40 €/h
Betriebsgemeinkosten 65 % der Herstellkosten	
Gewinn und Risiko 15 % der Selbstkosten	
Mehrwertsteuer 19 %	

Über welchen Betrag lautet das Angebot?

Sachwörterverzeichnis

A

Abbildungsfaktor 72
Addition 8
Anzeigenpreisberechnung 58

B

Bezugskalkulation 151
Bezugskosten 152
Brüche 15
Bruchrechnen 15
Bruchstrich 15
Bruchzahlen 7

D

Dezimalstellen 12
Dezimalzahlen 13
Dichte 114
Differenz 10
Dimetrische Projektion 133
Dividend 13
Division 13
Divisor 13
Draufsicht 135
Dreieck 93
Dreikantprisma 117
Dreisatz 30
Dreitafelprojektion 135
Durchmesser 99

E

Einfacher Dreisatz 30,32
Einkaufspreis 152
Einstandspreis 151

Elektrische Leistung 146
Ellipse 104
Erweitern 16
Europarolle 137

F

Faktoren 11
Faltenlegen 143
Fertigungskosten 155
Flächen 22, 77
Flächenmaß 22
Fluchtpunkt 134
Formelumstellung 50
Froschperspektive 135
Fünfeck 107

G

Ganze Zahlen 7
Gemeinkosten156
Geometrische Konstruktion 132
Gewichtsmaße 24
Gewinn 155
Goldener Schnitt 68
Grad 8
Grundwert 37. 43

H

Halbkreis 99
Handelsspanne 153
Hauptnenner 16
Hohlmaß 23
Hypotenuse 96

I

Isometrische Projektion 134

K

Kalkulation 151
Kapital 45, 49
Kathete 96
Kavalierperspektive 133
Kegel 126
Kegelstumpf 128
Kehrwert 16
Kilogramm 24
Klebstoffberechnung 141
Körper 111
Körperberechnung 111
Kreis 99
Kreisabschnitt 102
Kreisausschnitt 102
Kreisring 102
Kubikmeter 23
Kugel 130
Kürzen 16

L

Längenmaße 21
Lumen 149
Lux 149

M

Mantelfläche 117, 120
Maße 21 - 25
Maßstäbe 63
Maßsystem 21
Mathematische Zeichen 8
Meter 21
Millimeterpreis 58
Minuend 10
Mischungsrechnen 52
Multiplikation 11

N

Natürliche Zahlen 7
Nenner 15
Nutzenberechnung 65

O

Oberfläche 112 – 130

P

Parallelogramm 85
Parallelprojektion 132
Potenzieren 19
Prisma 117
Produkt 11
Projektion 132
Prozente 37
Prozentgrundformel 37
Prozentrechnen 37
Prozentsatz 37, 41
Prozentualer Maßstab 72
Prozentwert 37, 3
Pyramide 122
Pyramidenstumpf 124
Pythagoras 96

Q

Quadrat 82
Quadratzahl 19
Quotient 13
Quadratwurzel 19
Quader 111

R

Radius 99
Radizieren 19
Rapporttapete 138
Raufaser 137
Raummaße 23
Raute 88
Rechteck 77

Bodo Rehfeldt

Fachbezogene Mathematik für den Beruf Gestalter/Gestalterin für visuelles Marketing

Lösungsheft

Bodo Rehfeldt

Fachbezogene Mathematik
für den Beruf

Gestalter/Gestalterin
für visuelles Marketing

Lösungen

Verlag Books on Demand

1. Mathematische Grundlagen (Seite 7)

1.2.1. Addition (Seite 9)

1)	1.484	2)	994,25	3)	55,765 kg
4)	138,64 m²	5)	1.611,43 €	6)	10,35 l
7)	160,38 m²	8)	197,4 km	9)	2.312,60 €

1.2.2. Subtraktion (Seite 10)

1)	593	2)	133,8	3)	368,141
4)	74 kg	5)	1.453,78 €	6)	3,35 l

1.2.3. Multiplikation (Seite 11)

1)	2.844	2)	43,416	3)	207,6
4)	-9,65	5)	49	6)	7,81 m²
7)	214,472	8)	453 kg	9)	96,53 €
10)	709,40 €	11)	≈ 394,63 €		

12) A: 909,76 €; B: 772,91 €   13) 60,93 €

14) a. = 212,80 m; b = 53,20 €

1.2.4 Division (Seite 13)

1)	≈ 174,19	2)	≈ 32,69	3)	23,5
4)	-2,1	5)	53	6)	12,31
7)	4,30 €/kg	8)	5,80 m	9)	5,87
10)	12,79 €	11)	6 Stück; Rest: 30 cm		
12)	2 m fehlen	13)	≈ 394,63 €	14)	1,47 €
15)	21 Fahnen; Rest: 1,70 m			16)	2,9 Cent
17)	20 bis 21 Dekorationen				

1.3. Bruchrechnen (Seite 15)

1) a. $= \dfrac{1}{2}$; b $= \dfrac{3}{4}$; c $= \dfrac{1}{2}$; d $= \dfrac{1}{5}$; e $= \dfrac{1}{2}$; f $= \dfrac{3}{5}$

2) a. $= \dfrac{15}{35}$; b. $= \dfrac{36}{60}$; c. $= \dfrac{8}{56}$; d. $= \dfrac{27}{75}$; e. $= \dfrac{77}{84}$; f. $= \dfrac{56}{100}$

3) a. $= \dfrac{12}{24}$; b. $= \dfrac{18}{24}$; c. $= \dfrac{16}{24}$; d. $= \dfrac{20}{24}$; e. $= \dfrac{15}{24}$; f. $= \dfrac{2}{24}$

4) a. $= \dfrac{13}{2} = 1\dfrac{1}{12}$; b. $= \dfrac{15}{8} = 1\dfrac{7}{8}$; c. $= \dfrac{1}{12}$;

   d. $= \dfrac{3}{4}$; e. $= \dfrac{1}{3}$; f. $= \dfrac{1}{3}$

5) $\dfrac{47}{24} = 1\dfrac{23}{24}$ m?   6) $\dfrac{11}{12}$ m   7) $5\dfrac{3}{4}$ h

8) a. $= \dfrac{1}{3}$; b. $= \dfrac{10}{9} = 1\dfrac{1}{9}$; c. $= \dfrac{4}{3} = 1\dfrac{1}{3}$;

   d. $= \dfrac{10}{9} = 1\dfrac{1}{9}$; e. $= \dfrac{32}{15} = 2\dfrac{2}{15}$; f. $= \dfrac{1}{1} = 1$

9) a. $=$ 16 Frauen;   b. $=$ 14 Auswärtige;   c. $=$ 3 Azubis

10) $\dfrac{3}{4}$ h   11) $\dfrac{7}{10}$ m $= 0{,}70$ m

12) 1.Lehrj. $=$ 15 Azubis; 2.Lehrj. $=$ 8 Azubis; 3.Lehrj. $=$ 13 Azubis

13) $2\dfrac{3}{4}$ Stäbe

14) a. Am 2.Tag wurden $\dfrac{1}{60}$ mehr hergestellt.;   b. $= \dfrac{29}{60}$

15) $6\dfrac{3}{4}$ l

1.4.   Potenzieren und Radizieren (Seite 19)

1.4.1.   Potenzieren (Seite 19)

1)   a. = 27;   b. = 144;   c. = 2,89;   d. = 74,088;

e. = 4.096;   f. = dm?   g. = 12,25 cm?   h. = $\dfrac{9}{49}$

2)   1,5625 m²   3)   5.625 m²

1.4.2.   Radizieren (Seite 20)

1)   a. = 9;   b. = 7;   c. = 2,25;   d. = 2,2;   e. = 2.80 m;   f. = 2,5

g. = 10 cm;   h. = 15,6;   i. = 10;   j. = 7;   k. = 2,5

2)   26 cm   3) 2,2 m   4) 0,5 m

2.   Maßeinheiten (Seite 21)

Längeneinheiten (Seite 21)

1) 3,50 m		2) 150 cm		3) 2.370 mm	
4) 1,15 km		5) 1,365 m		6) 430 mm	
7) 169,5 cm					

Flächeneinheiten (Seite 22)

1) 2,5 m²	2) 700 dm²	3) 0,04575 m²
4) 63.400 cm²	5) 243,4 dm²	6) 2,5 cm²
7) 4,18 dm²		

Volumeneinheiten (Seite 23)

1) 3.500 l	2) 0,7 l	3) 2.880 cm³
4) 0,742 m³	5) 770.000 cm³	6) 0,002574 m³
7) 100.119.880 mm³		

Gewichtseinheiten (Seite 24)

1) 3,675 kg	2) 15.475 g	3) 0,75 g
4) 1.300 kg	5) 5.640 g	6) 2.000 g
7) 5,07 kg	8) 601,5 kg	

Zeiteinheiten (Seite 25)

1) 1,5 d   2) 7 h   3) 62,4 h

4) 315 min   5) 90 min   6) 1,25 h

7) 2 h 45 min   8) a. = 2 h 28 min 12 s

8) b. = 0 h 52 min 48 c   c. = 5 h 18 min 36 s

3. Benutzung des Taschenrechners (Seite 26)

1) 3.985   2) 14,765 kg   3) 0,714 m²

4) 2,25   5) 1.860,867   6) 5,3

7) 256,88 €   8) 120,7628…   9) 1,234567877

10) 430,70 €   11) 113,50 €   12) a. = 133,00 €

12) b. = 47,74 €   b. = 12,06 €

4. Dreisatz (Seite 30)

1) 5,2 • 2,05 = 10,66 m² • 3 Platten = 31,98 m²

$$x = \frac{16,57 \cdot 31,98}{1} = 529,9086 \approx 529,91 \text{ €}$$

2) $x = \dfrac{7 \cdot 8}{7} = 8 - 7 = 1$ Mitarbeiter zusätzlich

3) $x = \dfrac{20 \cdot 53}{70} = 15,142... \approx 16$ Bahnen

4) $x = \dfrac{4,5 \cdot 7}{5} = 6,3 \text{ h} = 6 \text{ h } 18 \text{ min}$

5) $x = \dfrac{25 \cdot 53}{80} = 16,5626 \approx 17$ Rollen

6) $x = \dfrac{42,90 \cdot 15}{18} = 35,75 \text{ €}$ 7) $x = \dfrac{9 \cdot 24}{18} = 12$ Tage

8) $x = \dfrac{198,70 \cdot 11}{7} = 312,2428... \approx 312,24 \text{ €}$

9) a. $x = \dfrac{416,25 \cdot 7,5}{37,5} = 83,25 \text{ €}$

    b. $x = \dfrac{416,25 \cdot 168}{37,5} = 1.864,80 \text{ €}$

10) $x = \dfrac{546 \cdot 76}{60} = 691,60 \text{ €}$ 11) $x = \dfrac{96 \cdot 7,5}{8} = 90 \text{ Teile}$

12) a. $x = \dfrac{0,48 \cdot 17}{12} = 0,68 \text{ m}$ b. $x = \dfrac{0,48 \cdot 17}{16} = 0,51 \text{ m}$

13) $x = \dfrac{552 \cdot 11}{48} = 126,50 \text{ €}$

14) 432 Sch. − 64 Sch. = 368 Sch. Fehlen noch

    $x = \dfrac{4 \cdot 368}{64} = 23 \text{ Bogen}$

15) $x = \dfrac{14 \cdot 6,25}{8,75} = 10 \text{ Tage} ;$ 14 − 10 = 4 Tage weniger

16) $x = \dfrac{12 \cdot 5\frac{1}{3}}{4} = 16 \text{ Mitarbeiter} ;$ 16 − 12 = 4 Mitarb. zusätzlich

17) $x = \dfrac{24 \cdot 18}{16} = 27 \text{ Stufen}$ 18) $x = \dfrac{2730 \cdot 56}{42} = 3.640 \text{ €}$

19) 18 h 20 min = 1.100 min; $x = \dfrac{1100 \cdot 12}{10} = 1.320 \text{ min} = 22 \text{ h}$

20) $x = \dfrac{30 \cdot 4}{3} = 40 \text{ Tage} ;$ 40 Tage noch statt der geplanten

    30 Tage, also 10 Tage Verlängerung.

21) $x = \dfrac{800 \cdot 4,5 \cdot 3}{2 \cdot 2} = 2.700 \text{ g} = 2,7 \text{ kg}$

22) $x = \dfrac{8 \cdot 200}{180} = 8,8888... \text{ h} \approx 8 \text{ h } 53 \text{ min} ;$ also rund 1 Überstunde

23) $\quad x = \dfrac{2,4 \bullet 12 \bullet 10}{2,4 \bullet 2,4} = 50$ Artikel

24) $\quad x = \dfrac{4 \bullet 20 \bullet 3}{15 \bullet 2} = 8$ Tage

25) $\quad x = \dfrac{960 \bullet 6 \bullet 6 \bullet 2}{5 \bullet 8 \bullet 3} = 576$ Personen

26) $\quad x = \dfrac{8 \bullet 3 \bullet 12}{2 \bullet 16} = 9h/tgl$; also 1 Überstunde pro Tag

5. Prozentrechnen (Seite 37)

5.1. Berechnen des Prozentwertes (Seite 38)

1) $\quad W = \dfrac{G \bullet p}{100} = \dfrac{28,10 \bullet 82}{100} = 23,04$ € ; $W = \dfrac{18,40 \bullet 82}{100} = 15,09$ €

$\quad W = \dfrac{21,40 \bullet 82}{100} = 17,55$ €

2) $\quad W = \dfrac{850 \bullet 6}{100} = 51,00$ €

3) $\quad W = \dfrac{6,25 \bullet 15}{100} = 0,9375 \approx 0,94$ m?

4) $\quad$ nach der Preiserhöhung: $\quad W = \dfrac{495 \bullet 110}{100} = 544,50$ €

$\quad$ nach erneuter Preissenkung: $\quad W = \dfrac{544,50 \bullet 90}{100} = 490,05$ €

5) $\quad$ 100 % - 20 % - 21 % = 59 %; $W = \dfrac{2150 \bullet 59}{100} = 1.268,50$ €

6) $\quad$ 14 m • 1,4 m = 19,6 m²: $W = \dfrac{19,6 \bullet 5,5}{100} = 1,078$ m?

7) $\quad W = \dfrac{25 \bullet 4}{100} = 1$ Schüler

8

8) Angebot A:

$$W = \frac{1260 \cdot 84}{100} = 1.058,40 \; € \; ; \quad W = \frac{1058,40 \cdot 98,5}{100} = 1.042,52 \; €$$

Angebot B: $W = \dfrac{1050 \cdot 97,5}{100} = 1.023,75 \; €$

9) Rabatt: $W = \dfrac{330 \cdot 5}{100} = 16,50 \; €$

MwSt. $\quad 330 - 16,50 = 313,50 \; €; \quad W = \dfrac{313,50 \cdot 19}{100} = 59,57 \; €$

Rechnung: $\quad 313,50 \; € + 59,57 \; € = 373,07 \; €$

Skonto: $\quad W = \dfrac{373,07 \cdot 1,5}{100} = 5,60 \; €$

zu zahlen: $\quad 373,07 \; € - 5,60 \; € = 367,47 \; €$

10) $p = \dfrac{0,27 \cdot 100}{1,80} = 15 \; \%$ $\qquad$ 11) $W = \dfrac{1904,00 \cdot 98}{100} = 1.865,92 \; €$

12) Fernsehen u. Rundfunk: $\quad W = \dfrac{350000 \cdot 57}{100} = 199.500,00 \; €$

Anzeigenwerbung: $\qquad W = \dfrac{350000 \cdot 57}{100} = 38.500,00 \; €$

Plakatwerbung: $\qquad W = \dfrac{350000 \cdot 13}{100} = 45.500,00 \; €$

Fahrzeugwerbung: $\qquad W = \dfrac{350000 \cdot 15}{100} = 1400,00 \; €$

Messe u. Ausstellungen: $\quad W = \dfrac{350000 \cdot 15}{100} = 52.500,00 \; €$

5.2. Berechnen des Prozentsatzes (Seite 41)

1) $p = \dfrac{W \cdot 100}{G} = \dfrac{36 \cdot 100}{480} = 7,5 \; \%$ $\qquad$ 2) $p = \dfrac{0,4 \cdot 100}{20} = 2 \; \%$

3) $p = \dfrac{164 \cdot 100}{380} \; ¡Ö 43,2 \; \%$

4) $2,44 \cdot 1,22 = 2,9768 \; m²; \quad 2,9768 - 2,38 = 0,5968 \; m²$ Verschnitt;

$p = \dfrac{0,5968 \cdot 100}{2,9768} \; ¡Ö 20 \; \%$

5) $p = \dfrac{2520 \cdot 100}{7200} = 35\,\%$ 6) $p = \dfrac{156{,}25 \cdot 100}{1250} = 12{,}5\,\%$

7) $2{,}5 \cdot 1{,}7 = 4{,}25\ \text{m}^2;\quad 4{,}25 - 3{,}57 = 0{,}68\ \text{m}^2\ \text{Verschnitt};$

$p = \dfrac{0{,}68 \cdot 100}{4{,}25} = 16\,\%$

8) $p = \dfrac{54 \cdot 100}{360} = 15\,\%$ 9) $p = \dfrac{29429{,}40 \cdot 100}{64680} = 45{,}5\,\%$

10) $(2.000 + 2.500 + 3.500 + 4.000) : 4 = 3.000\ \text{Besucher}$

$p = \dfrac{1000 \cdot 100}{2000} = 50\,\%$

11) $p = \dfrac{3125 \cdot 1000}{1250000} = 2{,}5\,\%\!\!/\!\!\text{oo}$

5.2. Berechnen des Grundwertes (Seite 43)

1) a. $G = \dfrac{W \cdot 100}{p} = \dfrac{22{,}14 \cdot 100}{2} = 1.107{,}00\ €$

   b. $G = \dfrac{127{,}11 \cdot 100}{3} = 4.237{,}00\ €$

2) a. $G = \dfrac{1298 \cdot 100}{40} = 3.245{,}00\ €$

   b. $1.947{,}00\ € : 5 = 389{,}40\ €/\text{Rate}$

3) $G = \dfrac{13{,}05 \cdot 100}{15} = 87\ \text{m}^2?;\quad 87\ \text{m}^2 : 5{,}8\ \text{m}^2 = 15\ \text{Platten}$

4) $G = \dfrac{121{,}53 \cdot 100}{3} = 4.051{,}00\ €$

5) $G = \dfrac{2 \cdot 100}{14{,}3} = 14\ \text{Beschäftigte}$

6) a. $G = \dfrac{680 \cdot 100}{85} = 800{,}00\ €$ b. $800\ € - 680\ € = 120\ €$

7) $G = \dfrac{12{,}60 \cdot 100}{1{,}5} = 840{,}00\ €$

10

8) nach Skonto: $G = \dfrac{930{,}63 \cdot 100}{98}$ ¡Ö949,62 €

    nach MwSt.: $G = \dfrac{949{,}62 \cdot 100}{119} = 798{,}00$ €

    nach Rabatt: $G = \dfrac{798 \cdot 100}{95} = 840{,}00$ €

    840,00 € : 16,80 € = 50 Rollen

9) $G = \dfrac{412{,}50 \cdot 1000}{2{,}5} = 165.000{,}00$ €

10) $G = \dfrac{178{,}50 \cdot 100}{119} = 150{,}00$ € ; 178,50 € - 150,00 € = 28,50 €

11) $G = \dfrac{187{,}44 \cdot 100}{88} = 213{,}00$ €

6. Zinsrechnung (Seite 45)

13) a. $Z = \dfrac{K \cdot p \cdot t}{100} = \dfrac{400 \cdot 5 \cdot 1}{100} = 20{,}00$ €

    b. $Z = \dfrac{1450 \cdot 7 \cdot 1}{100} = 101{,}50$ € c. $Z = \dfrac{864 \cdot 3 \cdot 1}{100} = 25{,}92$ €

14) a. $Z = \dfrac{750 \cdot 6 \cdot 0{,}5}{100} = 22{,}50$ € b. $Z = \dfrac{2250 \cdot 4 \cdot 0{,}5}{100} = 45{,}00$ €

    c. $Z = \dfrac{980 \cdot 6{,}5 \cdot 0{,}5}{100} = 31{,}85$ €

15) $Z = \dfrac{800 \cdot 3{,}5 \cdot 6}{100} = 168{,}00$ €

16) $Z = \dfrac{1450 \cdot 4{,}5 \cdot 3{,}5}{100} \approx 228{,}38$ €

17) $Z = \dfrac{18700 \cdot 10{,}2 \cdot 5{,}5}{100} = 10.490{,}70$ €

6.1. Berechnen der Zinslaufzeit (Seite 46)

1) a. 33 Tage   b. 49 Tage   c. 107 Tage
      d. 144 Tage   e. 82 Tage   f. 15 Tage
      g. 65 Tage   h. 77 Tage

2) 577 Tage

3) a. 137 Tage   b. 2.119 Tage   c. 1.348 Tage

6.2. Berechnen der Zinsen (Seite 48)

1) a. $Z = \dfrac{385 \cdot 4 \cdot 70}{100 \cdot 360}$ ¡Ö2,99 €   b. $Z = \dfrac{1532 \cdot 5 \cdot 95}{100 \cdot 360}$ ¡Ö20,21 €

    c. $Z = \dfrac{1450 \cdot 6 \cdot 74}{100 \cdot 360}$ ¡Ö17,88 € d. $Z = \dfrac{2188 \cdot 7 \cdot 38}{100 \cdot 360}$ ¡Ö16,17 €

2) $Z = \dfrac{465 \cdot 3,5 \cdot 107}{100 \cdot 360}$ ¡Ö4,84 €

3) a. 130 Tage; $Z = \dfrac{2475 \cdot 4,5 \cdot 130}{100 \cdot 360}$ ¡Ö40,22 €

    b. 896 Tage; $Z = \dfrac{1876 \cdot 5,75 \cdot 896}{100 \cdot 360}$ ¡Ö268,48 €

4) a. 1.750 € - 400 € = 1.350 € Kredit;
      $Z = \dfrac{1350 \cdot 6,5 \cdot 18}{100 \cdot 12}$ ¡Ö131,63 € ;
      (1.350,00 € + 131,63 €) : 18 Monate = 82,31 €/mtl. Rate
    b. 1.481,63 € + 400,00 € Anzahlung = 1.881,63 €

5) a. 199 Tage; $Z = \dfrac{580 \cdot 6,5 \cdot 199}{100 \cdot 360}$ ¡Ö20,84 €

    b. 580,00 € + 20,84 € = 600,84 €

6) $t = \dfrac{59,74 \cdot 100 \cdot 360}{4345 \cdot 5,5} = 90$ Tage

7) 290 Tage; $Z = \dfrac{25000 \cdot 7,5 \cdot 290}{100 \cdot 360}$ ¡Ö1.510,42 €
    25.000,00 € + 1.510,42 € = 26.510,42 €

12

6.3. Berechnen des Kapitals, des Zinssatzes und der Zeit

1) $K = \dfrac{Z \cdot 100 \cdot 360}{p \cdot t} = \dfrac{7,00 \cdot 100 \cdot 360}{6 \cdot 50} = 840,00\ \text{€}$

2) $K = \dfrac{68,40 \cdot 100 \cdot 12}{7,2 \cdot 3} = 3.800,00\ \text{€}$

3) $K = \dfrac{75 \cdot 100 \cdot 360}{6 \cdot 90} = 5.000,00\ \text{€}\ ;\ 5.000\ \text{€} + 75\ \text{€} = 5.075,00\ \text{€}$

4) $Z = \dfrac{1500 \cdot 7,5 \cdot 100}{100 \cdot 360} = 31,25\ \text{€}\ ;\ K = \dfrac{62,50 \cdot 100 \cdot 12}{5 \cdot 6} = 2.500\ \text{€}$

5) $p = \dfrac{Z \cdot 100 \cdot 360}{K \cdot t} = \dfrac{3,60 \cdot 100 \cdot 360}{540 \cdot 40} = 6\ \%$

6) $p = \dfrac{1 \cdot 100 \cdot 360}{5 \cdot 1} = 7.200\ \%$

7) $p = \dfrac{225 \cdot 100 \cdot 360}{2400 \cdot 450} = 7,5\ \%$

8) 40 % von 48.500 € = 19.400 € Kredit; 207 Tage;

   20.292,40 - 19.400 = 892,40 €;

   $p = \dfrac{892,40 \cdot 100 \cdot 360}{19400 \cdot 207} = 8\ \%$

9) $t = \dfrac{Z \cdot 100 \cdot 360}{K \cdot p} = \dfrac{1,68 \cdot 100 \cdot 360}{240 \cdot 6} = 42\ \text{Tage}$

10) $t = \dfrac{182,75 \cdot 100 \cdot 360}{3400 \cdot 4,5} = 430\ \text{Tage}$

11) $t = \dfrac{620 \cdot 100 \cdot 360}{12400 \cdot 6} = 300\ \text{Tage}\ ;\ $ Rückzahlung am 1.Januar

12) $t = \dfrac{3,20 \cdot 100 \cdot 360}{800 \cdot 3,6} = 40\ \text{Tage}\ ;\ $ Rückzahlung am 5.April

13) $p = \dfrac{325 \cdot 100 \cdot 12}{10400 \cdot 5} = 7,5\,\%$

14) $193,50\,€ - 172\,€ = 21,50\,€\ (= 1\%)$

$K = \dfrac{21{,}50 \cdot 100 \cdot 360}{1 \cdot 180} = 4.300,00\,€$

7. Mischungsrechnen (Seite 52)

1) a. $(1 \cdot 2,12 + 1 \cdot 1,14) : 2 = 1,63\ €/kg$

 b. $(2 \cdot 0,74 + 2 \cdot 0,46) : 4 = 0,60\ €/kg$

 c. $(2 \cdot 1,50 + 2 \cdot 3,20) : 4 = 2,35\ €/kg$

 d. $(2 \cdot 0,72 + 1 \cdot 3,15) : 3 = 1,53\ €/kg$

2) a. $(1 \cdot 3,37 + 9 \cdot 10,37) : 10 = 9,67\ €/kg$

 b. $(6 \cdot 1,12 + 4 \cdot 6,42) : 10 = 3,24\ €/kg$

 c. $(0,7 \cdot 8,75 + 1,8 \cdot 2,25) : 2,5 = 4,07\ €/kg$

 d. $(0,75 \cdot 1,16 + 0,25 \cdot 2,80) : 1 = 1,57\ €/kg$

3) Komponente A $2,70 - 4,50 = (-)1,80$; 1   3 kg
 Mischungspreis: $4,50$
 Komponente B $9,90 - 4,50 = 5,40$; 3   1 kg

4) a. $(0,8 \cdot 3,5 + 2,8 \cdot 9,90) = 20,16\,€$

 b. $20,16\,€ : 3,6\ kg = 5,60\ €/kg$

5) Farbe A $2,40 - 6,00 = (-)3,60$; 1,2   1 kg
 Mischungspreis: $6,00$
 Farbe B $9,00 - 6,00 = 3,00$; 1   1,2 kg

6) $(1,5 \cdot 2,75 + 4 \cdot 71,50) : 5,5 = 52,75\ €/kg$

7) a. $15\ \ l : 0,75\,l \cdot\ 9,90\,€\ =\ 198,00\,€$
        $0,8\,l : 0,25\,l \cdot\ 8,40\,€\ =\ \ \ \ 8,96\,€$
        $1,5\,l : 0,75\,l \cdot 12,10\,€\ =\ \ 24,20\,€$
        $\underline{1,2\,l\ \ \ \ \ \ \ \ \ \ \ \ \cdot\ 4,90\,€\ =\ \ \ \ 5,88\,€}$
        $18,5\,l \ 237,04\,€$

 b. $237,04\,€ : 18,5\,l \approx 12,81\ €/l$

14

8) Farbe A   2,70 − 6,00 = (-)3,30 ; 1,1   1 kg
    Mischungspreis: 6,00
    Farbe B   9,00 - 6,00 = 3,00   ; 1   1,1 kg

9) a. 3,62 €   b.   36,23 €   c)   689,13 €

    d. 695,56 €

10) Farbe zu 3,20 €/kg   3,20 − 6,40 = (-)3,20 ; 1   1,75 kg
     Mischungspreis: 6,40
     Farbe zu 12,- €/kg   12,00 - 6,40 = 5,60 ; 1,75   1 kg

11) a. (5 • 3,80 + 2 • 2,40) = 23,80 €

    b. 23,80 € : 7 kg = 3,40 €/kg

8.   Verteilungsrechnen (Seite 55)

1) A = 7,56 €;   B = 19,57 €;   C = 27,22 €;
    D = 39,73 €

2) A = 230,00 €;   B = 402,50 €;   C = 517,50 €;
    D = 632,50 €

3) K = 17,5 kg;   L = 21 kg;   M = 14 kg

4) A = 4.987,29 €   B = 4.440,68 €   C = 2.572,03 €

5) A = 669,92 €;   B = 1.117,77 €;   C = 754,22 €;
    D = 1.005,62 €;   E = 652,47 €

6) 1.Lehrj. = 180,00 €;   2.Lehrj. = 200,00 €;
    3.Lehrj. = 220,00 €

9.   Anzeigenpreisberechnung (Seite 58)

1) 778,00 € - 10 % = 700,20 €;   700,20 € + 279,00 € = 979,20 €;
    979,20 € • 5 = 4.896,00 € (netto)

2) 135 mm • 4 Spalten = 540 mm;   540 mm • 3,- € = 1.620,- €;
    1.620,- € • 8 Schaltg. = 12.960,- € (netto)

3) 948,- € + 10 % (Platzierung) = 1.042,80 €;
    1.042,80 € • 3 Schaltg. = 3.128,40 €;
    3.128,40 € - 5 % (Malstaffelrabatt) = 2.971,98 €

4) 120 mm • 4 Spalten = 480 mm;   480 mm • 5,45 € = 2.616,00 €
    487 mm • 1 Spalte = 487 mm: 487 mm • 3,85 € = 1.874,95 €
    60 mm • 2 Spalten = 120 mm;   120 mm • 13,95 € = 1.674,00 €
                                  gleiche Anzeige = 1.674,00 €
    100 mm • 6 Spalten = 600 mm; 600 mm • 13.95 € = 8.370,00 €
                                                    16.208,95 €

$$\text{minus 4 \% Rabatt} = \frac{16208,95 \cdot 96}{100} = 15.560,59 \text{ €}$$

$$\text{plus 19 \% MwSt.} = \frac{15560,59 \cdot 1,19}{100} = 18.517,10 \text{ €}$$

$$\text{minus 2 \% Skonto} = \frac{18517,10 \cdot 98}{100} = 18.146,76 \text{ €}$$

5) 284 mm • 5 Spalten = 1.420 mm • 4,70 € = 6.674,00 €

$$\text{Höhe der verkleinerten Anzeige} = \frac{284 \cdot 3}{5} = 170,4 \text{ mm}$$

170,4 mm • 3 Spalten = 511,2 mm • 4,70 € = 2.402,64 €
Einsparung: 6.674,00 € - 2.402,64 € = 4.271,36 €

6) a. $\text{Tausenderpreis} = \dfrac{5580 \cdot 1000}{80000} = 69,75 \text{ €}$

    b. sw-Anzeige: 5.580,00 €
        farbige Anzeige: 5.580,00 € • 1,28 = 7.142,40 €
                                                   12.722,40 €

$$\text{Eta tan teil} = \frac{100 \cdot 12722,40}{55000} = 23,1316... \text{ ¡Ö23,1 \%}$$

7) Spaltenbreite: (385 mm - 5 • 5 mm) : 6 = 60 mm/Sp.

    a. 190 mm : 60 mm = 3 Spalten
        110 mm • 3 Sp. = 330 mm • 1,80 €   = 792,00 €
         75 mm • 3 Sp. = 225 mm • 1,80 €   = 540,00 €
    b. Anz.-Höhe: (545 mm - 5 mm) : 2 = 270 mm
        270 mm • 3 Sp. = 810 mm • 1,16 €   = 939,60 €
    c. 545 mm • 1 Sp. = 545 mm • 1,38 €   = 752,10 €
                                insgesamt: 3.023,70 €
                                inkl. MwSt: 3.598,20 €

16

8) 300 mm • 3 Sp. • 4,96 € = 4.464,00 € • 1 Anz. = 4.464,00 €
    150 mm • 4 Sp. • 2,59 € = 1.554,00 € • 3 Anz. = 4.662,00 €
    487 mm • 3 Sp. • 0,93 € = 1.358,73 € • 1 Anz. = 1.358,73 €
    487 mm • 3 Sp. • 3,18 € = 4.645,98 € • 1 Anz. = <u>4.645,98 €</u>
    insgesamt: 15.130,71 €

9) 120 mm • 3 Sp. • 2,90 € = 1.044,00 € - 10 % = 939,60 €
    939,60 € + 640,00 € (Farbe) + 300,00 € (3.U) = 1.879,60 €
    1.879,60 € • 12 Schaltungen = 22.555,00 €

10) a. 665,00 € - 15 % (Malstaffel) = 565,25 € • 12 = 6.783,00 €
       6.783,00 € - 2 % Skonto = 6.647,34 €
    b. 6.579,51 € statt 6.647,34 €; Einsparung: 67,83 €
    c. Ihr Kunde zahlt 4.112,19 €, der Großhandel 2.467,32 €.

10. Rechnen mit Maßstäben (Seite 63)

1) a. 48 cm   b. 19,2 cm   c. 9,6 cm
    d. 4,8 cm

2) a. 106,5 cm   b. 213 cm   d. 532,5 cm
    d. 1.065 cm = 10,65 m

3) 30 cm   4) 31 cm x 19,5 cm x 13 cm

5) 2,92 m x 4,96 m   6) 36 cm x 15 cm   7) M 1 : 20

8) Lösung b = Maßstab 12 : 1

11. Nutzenberechnung (Seite 65)

1) Karton: 96 x 128   96 x 128
    Nutzen: 25 x 31   31 x 25
               3 x   4   = 12   3 x   5   =15
    mögl. Reste: 4 x 96   3 x 128
    Beide Reste sind nicht mehr verwertbar; deshalb 15 Nutzen.

2) MDF-Pl.:   122 x 172   122 x 172
    Nutzen: 28 x 44   44 x 28
                 4 x   3   = 12   2 x   6   =12
    mögl. Reste: 122 x 40 (+ 2 Nu.) 34 x 172 (+ 3 Nutzen)
    insgesamt: 14 Nutzen   bzw. 15 Nutzen

    60 Elemente : 15 Nutzen/Platte = 4 Platten sind erforderlich.

3) Hochformat: 12 + 2 (aus Reststreifen)   = 14 Nutzen
   Querformat: 12 (Reststreifen nicht verwertbar) = 12 Nutzen
   1.000 Preisschilder : 14 Nutzen/Karton = 71,42... ≈ 72 Kartons

4) Hochformat: 25 + 4 (aus Reststreifen)   = 29 Nutzen
   Querformat: 28 (Reststreifen nicht verwertbar) = 28 Nutzen
   2.500 Aufkl.: 29 Nutzen/Folie = 86,2... ≈ 87 Folien

5) Hochformat: 12 (Reststreifen nicht verwertbar) = 12 Nutzen
   Querformat: 10 + 4 (aus Reststreifen)   = 14 Nutzen
   Platte = 70 x 100 = 7.000 cm²;
   14 Nutz. = 19 x 24 x 14 = 6.384 cm²; Verschnitt = 616 cm²

6) Hochformat: 4 (Reststreifen nicht verwertbar)   = 4 Nutzen
   Querformat: 3 + 2 (aus Reststreifen)   = 5 Nutzen
   50 Bogen x 5 Plakate   = 250 Plakate
   Platte = 70 x 100 = 7.000 cm²;
   5 Plakate = 30 x 37 x 5 = 5.550 cm²;
   Verschnitt = 1.450 cm² ≈ 20,7 %

7) Hochformat: 4 (Reststreifen nicht verwertbar)   = 4 Nutzen
   Querformat: 3 + 2 (aus Reststreifen)   = 5 Nutzen
   50 Plakate : 5 Nutzen/Karton = 10 Kartons

8) Hochformat: 8 (Reststreifen nicht verwertbar)   = 8 Nutzen
   Querformat: 6 (Reststreifen nicht verwertbar) = 6 Nutzen
   a.   30 Elemente : 8 Nutzen/Platte = 3,75 ≈ 4 Holzplatten
   b.   Platte: 2,5 m x 1,7 m = 4,25 m² x 4 Platten = 17 m²;
        30 Elemente: 0,62 m x 0,82 m x 30 = 15,252 m²;
        Verschnitt = 1,748 m² = 10,28... ≈ 10,3 %

9) Hochformat: 9 (Reststreifen nicht verwertbar)   = 9 Nutzen
   Querformat: 8 (Reststreifen nicht verwertbar) = 8 Nutzen

10) Hochformat: 9 + 2 (aus Reststreifen)   = 11 Nutzen
    Querformat: 10 (Reststreifen nicht verwertbar) = 10 Nutzen
    60 Plakate : 11 Nutzen/Bogen = 5,45... ≈ 6 Bogen

11) Hochformat: 4 (Reststreifen nicht verwertbar) = 4 Nutzen
    Querformat: 3 + 2 (aus Reststreifen)   = 5 Nutzen
    a.   80 Plakate : 5 Nutzen/Bogen = 16 Bogen
    b.   Bogen: 115 cm x 150 cm = 17.250 cm²;
         5 Plakate: 42 cm x 59,4 cm = 12.474 cm²;
         Verschnitt = 4.776 cm² = 27,686... ≈ 27,7 %

18

12) Hochformat: 3 (Reststreifen nicht verwertbar)   = 3 Nutzen
     Querformat: 2 (Reststreifen nicht verwertbar)   = 2 Nutzen
     a. 25 Elemente : 3 Nutzen/Platte = 8,33... ≈ 9 Holzplatten
     b. Platte: 2,44 m x 1,22 m x 9 Platten = 26,7912 m²;
         25 Elemente: 0,80 m x 1 m x 25 = 20 m²;
         Verschnitt = 6,7912 m² = 25,3486... ≈ 25,3 %
     c. Kosten (netto) einer Platte =   5,63 €
         Gesamtkosten   = 50,67 €

12.   Goldener Schnitt (Seite 68)

1) a. 0,60 m + 0,96 m   b.   1,05 m + 1,68 m
    c. 2,68 m + 4,28 m

2) Höhe: 3,52 m

3) Höhe: 2,32 m

4) 1,30 m + 2,08 m

5) a. Major: 24 cm   b.   Minor: 20 cm

6) Major: 2,00 m + Minor: 1,25 m

7) Minor: 90 cm

8) 2,70 m - 2,53 m (Minor) = 0,17 m werden Höhe abgeschnitten.

9) Minor: 3,50 m + Major: 5,60 m

13. Reproduktionsberechnung (Seite 72)

1) 340 cm x 238 cm

2) 50,4 cm x 35,7 cm

3) Höhe: 78 cm

4) 64,8 cm x 100,8 cm = 6.531,84 cm² = 0,653184 m²
   0,653184 m² • 22,40 € = 14,63 €

Wegfall und Ergänzen (Seite 74)

1) a. Breite: 66 cm   b.   27,5 : 1   bzw. auf   2.750 %

2) a. Vorlage: 6 cm x 9 cm; erforderliches Maß: 150 cm x 180 cm
   Repro 1: 150 cm x 225 cm; Höhe wird um 45 cm gekürzt.
   Repro 2: 120 cm x 180 cm; (Breitenergänzung notwendig)
   b. 45 cm x 150 cm = 6.750 cm²
   c. 20 %

3) Vorlage: 40 cm x 27 cm; erforderliches Maß: 420 cm x 219 cm
   Repro 1: 420 cm x 283,5 cm; Höhe wird um 64,5 cm gekürzt.
   Repro 2: 324,4 cm x 219 cm; (Breitenergänzg. wäre notwendig)

4) Vorlage: 9 cm x 6 cm; erforderliches Maß: 600 cm x 360 cm
   Repro 1: 600 cm x 400 cm;   (Repro ist zu hoch.)
   Repro 2: 540 cm x 360 cm;   60 cm ist das Fenster breiter.

5) Vorlage: 36 cm x 25 cm; erforderliches Maß: 135 cm x 105 cm
   Repro 1: 135 cm x 93,75 cm;
   Repro 2: 151,2 cm x 105 cm; Breite wird um 16,2 cm gekürzt.

6) Vorlage: 126 mm x 174 mm;
   erforderliches Repro-Maß: 42 cm x 59,4 cm
   Vorlage 1: 126 mm x 178,6 mm;
   Vorlage 2: 123 mm x 174 mm; 3 mm Breite fallen weg.

14. Flächen (Seite 77)

14.1. Rechteck (Seite 77)

1) $A = 10,5 \text{ m}^2$ 2) $A = 5.928 \text{ m}^2$; $u = 332 \text{ m}$

3) $12,40 \text{ m} \times 18,50 \text{ m} = 229,4 \text{ m}^2$
 $8,40 \text{ m} \times 14,50 \text{ m} = 121,8 \text{ m}^2$
 $229,4 \text{ m}^2 - 121,8 \text{ m}^2 = 107,6 \text{ m}^2$ Wegfläche
 $107,6 \text{ m}^2 \cdot 0,35 \text{ l} = 37,66 \text{ l}$ Farbe

4) $A = 11,75 \text{ m}^2 \cdot 2 = 23,5 \text{ m}^2$

5) $8,40 \text{ m} \cdot 2,80 \text{ m} = 23,52 \text{ m}^2$;
 $1,10 \text{ m} \cdot 2,45 \text{ m} = 2,695 \text{ m}^2$; $23,52 \text{ m}^2 - 2,695 \text{ m}^2 = 20,825 \text{ m}^2$

6) $(2,60 \text{ m} + 5,80 \text{ m} + 2,60 \text{ m}) \cdot 3 \text{ m} = 33 \text{ m}^2$;
 Rolle: $20 \text{ m} \cdot 0,75 \text{ m} = 15 \text{ m}^2$;
 $33 \text{ m}^2 : 15 \text{ m}^2 = 2,2$ Rollen ≈ 3 Rollen $\cdot 25,80 \text{ €} = 77,40 \text{ €}$

7) $A = 6,00 \times 2,00 = 12,00 \text{ m}^2$; $u = (6,0 + 2,0) \cdot 2 = 16,00 \text{ m}$

8) $A = 5,25 \times 4,85 = 25,4625 \text{ m}^2 \approx 25,46 \text{ m}^2$;
 $u = (5,25 + 4,85) \cdot 2 = 20,20 \text{ m}$

9) $A = 3,75 \times 2,52 = 9,45 \text{ m}^2 \cdot 3$ Schilder $= 28,35 \text{ m}^2$
 $u = (3,75 + 2,52) \cdot 2 = 12,54 \text{ m} \cdot 3$ Sch. $= 37,52 \text{ m}$
      $37,52 \text{ m} + 5\ \% = 39,501 \approx 39,5 \text{ m}$

10) $22.26 \text{ m}^2 : 5,30 \text{ m} = 4,20 \text{ m}$
 Sockelleiste: $(5,30 + 4,20) \cdot 2 = 19 \text{ m} - 1,10 \text{ m} = 17,90 \text{ m}$

11) $20 \times 15 + 7,5 \times 10 = 375 \text{ m}^2 \cdot 124 \text{ €} = 46.500 \text{ €}$

12) Schaufenster: $14,7 \text{ m}^2$; Kunstdruck $= 750 \text{ cm}^2 = 0,075 \text{ m}^2$
 $14.7 : 0,075 = 196$-facher Flächeninhalt

13) $8,25 \text{ m}^2 : 1,50 \text{ m} = 5,50 \text{ m}$;
 $u = (1,5 + 5,5) \cdot 2 = 14 \text{ m} \cdot 3$ Banner $= 42 \text{ m}$ Kettelnaht

14) $A = 28 \times 1,5 = 42 \text{ m}^2$; $150 \text{ m}^2 : 42 \text{ m}^2 = 3,57... \approx 3$mal

15) $60 \times 60 = 3.600 \text{ cm}^2$; $15 \times 40 = 600 \cdot 2 = 1.200 \text{ cm}^2$
 $3.600 - 1.200 = 2.400 \text{ cm}^2$

16) $1,25 \text{ m} \times 2,5 \text{ m} = 3,125 \text{ m}^2 \cdot 25$ Platten $= 78,125 \text{ m}^2$
 $78,125 \text{ m}^2 \cdot 18,70 \text{ €/m}^2 = 1.460,94 \text{ €} - 12\ \%$ Rabatt
 $= 1.285,63 \text{ €} + 19\ \%$ MwSt.
 $= 1.529,90 \text{ €} - 2,5\ \%$ Skonto $= 1.491,65 \text{ €}$

17) $u = (7,50 + 9,00) \cdot 2 = 33$ m

18) $0,58 \times 0,83 \cdot 2$ Seiten $\cdot$ 25 Aufsteller $= 24,07$ m²

19) a. $(0,97 \times 0,1 + 0,78 \times 0,1) \cdot 2 \cdot 3$ Rahmen $= 1,05$ m²
     b. $1,05$ m² $\cdot 20,70$ € $= 21,735$ € $\approx 21,74$ €

20) Lagerhalle: Breite $= 4 \cdot 1,10 + 3 \cdot 2,50 = 11,90$ m
                 Länge $= 4 \cdot 1,10 + 3 \cdot 4,80 = 18,80$ m
                 $11,90 \times 18,80 = 223,72$ m²
     Regale: $2,50 \times 4,80 \cdot 9$ Regale $= 108$ m²
     Wegfläche: $223,72 - 108 = 115,72$ m²

21) $u = (84 + 57) \cdot 2 = 282$ m $- 6$ m Durchfahrt $= 276$ m
     276 m $: 3$ m $= 92$ Schilder

14.2. Quadrat (Seite 82)

1) $(0,35$ m$)^2 \cdot 120$ Platten $= 14,7$ m²

2) $A = 5,2 \times 5,2 = 27,04$ m²; $u = 5,2 \cdot 4 = 20,80$ m

3) $a = 2,32$ m $: 4 = 0,58$ m; $A = 0,58 \times 0,58 = 0,3364 \approx 0,34$ m²

4) heller Teppich: $4,2^2 - 2,1^2 = 13,23$ m²
    dunkler Teppich: $6,3^2 - 13,23 = 26,46$ m²

5) $7,45^2 = 55,5025$ m² $\cdot 0,175$ kg $= 9.712... \approx 9,7$ kg

6) $a = \sqrt{1600} = 40$ m ; Spielfläche: 34 m $\times 34$ m $= 1.156$ m²
                 Wegfläche: $1.600 - 1156 = 444$ m²

7) a. $A = 625$ cm²; $u = 100$ cm
    b. $A_{gesamt} = 625 \cdot 12$ Nutzen $= 7.500$ cm²
        $u_{gesamt} = 100 \cdot 12 = 1.200$ cm $= 12$ m
    c. Verschnitt: $85 \times 122 = 10.370$ cm² $- 7.500$ cm² $= 2.870$ cm²
                                            $= 27,675.. \approx 27,7$ %

8) a. $A = 69^2 = 4.761$ cm² $\cdot 15$ Hocker $= 71.415$ cm² $\approx 7,14$ m²
    b. $u = 4 \cdot 65$ cm $+ 2$ cm $= 262$ cm $\cdot 15$ Hocker $= 39,30$ m
        (Die Kordel reicht, es bleiben 10,70 m übrig.)

9) a. 8 m $\times 3$ m $- 3 \cdot 2$ m $\times 2$ m $= 12$ m²
    b. $u = 4 \cdot 2$ m $= 8$ m/Fenster $\cdot 3$ Fenster $= 24$ m

10) $60^2 - 30^2 = 2.700$ cm² $\cdot 3$ Rahmen $= 8.100$ cm²

22

14.3. Parallelogramm (Seite 85)

1) A = 65 cm x 25 cm = 1.625 cm²
    (Alle Parallelogramme haben die gleiche Grundlinie, die gleiche Höhe und damit auch den gleichen Flächeninhalt.)

2) A = 16,8 • 6,5 = 109,2 cm²

3) h = 2,35 m² : 2,80 m = 0,83928… ≈ 0,84 m

4) 5,75 • 2,90 = 16,675 m²

5) A = 91 • 176 = 16.016 m² ≈ 1,6 ha
    u = (130 + 176) • 2 = 612 m – 3 m (Einfahrt) = 609 m

6) (1,30 + 3,20 + 1,50) • 0,8 = 4,80 m²

7) Die Fläche ist keine 4 m². Es wurde mit einer „falschen" Höhe gerechnet.

14.4. Rhombus (Seite 88)

1) A = 1,70 • 1,32 = 2,244 m²
    u = 4 • 1,70 = 6,80 m

2) u = 4 • 95,5 = 382 cm + 2 cm = 3,84 m Borte

3) a = 0,945 m² : 0,90 m = 1,05 m
    u = 4 • 1,05 = 4,20 m

4) 0,40 • 0,38 = 0,152² • 5 Rauten = 0,76 m² • 12 Deko = 9,12 m²

5) 0,87 • 0,68 = 0,5916 m² + 10 % Verschnitt ≈ 0,651 m²

6) Raute: 0,30 • 0,24 = 0,072 m² • 4 = 0,288 m²
    Rechteck: 0,96 x 0,17 = 0,1632 m²
    Pfeil: 0,288 + 0,1632 = 0,4512 m²
    0,4512 m² • 2 Seiten = 0,9024 m² • 4 Autos = 3,6096 m²
    3,6096 m² + 10 % Verschnitt = 3,97056 m² • 4,75 € ≈ 18,86 €

14.5. Trapez (Seite 90)

1)

	a)	b)	c)	d)
a	6,7 cm	10 cm	4,20 m	8 dm
c	5,3 cm	6,8 cm	3,80 m	6 dm
h	5 cm	≈ 4,5 cm	6,50 m	6,4 dm
A	30 cm²	37,5 cm²	26 m²	44,8 dm²

23

2) a.   A = 913,5 cm²   u = 122 cm
    b.   A = 24 m²   u = 22,05 m

3) A = 648 cm²

4) A = 0,899 ≈ 0,9 m²   u ≈ 5,00 bis 5,20 m

5) A (pro Brett) = 0,36 m² • 4 = 1,44 m² • 32,80 € = 47,23 €

6) A = 0,651 m² • 6 = 3,906 ≈ 3,9 m²

7) Tischlerplatte: A =   5,33 m²
    Deko-Element: A =   1,89 m² • 2 = 3,78 m²
    Verschnitt: 5,33 m² - 3,78 m² = 1,55 m² = 29.08... ≈ 29,1 %

14.6. Dreieck (Seite 93)

1) $A = \dfrac{a \bullet h_a}{2} = \dfrac{1,40 \bullet 0,90}{2} = 0,63\ m?$ 2)   A = 242 cm²

3) A = 0,6164 ≈ 0,62 m²   4)   h = 5,4 cm

5) A = 130,2 m² + 27,3 m² = 157,5 m²   6)   A = 7,68 m²

7) A = 0,0525 m² • 30 Wimpel = 1,575 m² • 110 Ketten = 173,23 m²
    u = 112,6 cm • 30 Wimpel = 3378 cm • 110 Ketten ≈ 3717 m

8) a.   12 Bäume : 3 Bäume/Platte = 4 Platten
    b.   2,07 m • 2,80 m = 5,796 m² • 4 Platten • 11,90 € = 275,89 €
    c.   5,796 m² - 1,155 m² • 3 = 2,331 m² • 4 Platten
         = 9,324 m² Verschnitt = 40,2 %
    d.   1,155 m² • 2 Seiten = 2,31 m² • 12 Tannen = 27,72 m²

9) A = 661,5 cm • 3 = 1984,5 cm²   10)   33,33 %

11) 0,10626 + 0,165648 + 0,1101555 + 0,19332 + 0,13248
     = 0,7078635 m² ≈ 0,71 m²

Lehrsatz des Pythagoras (Seite 96)

1) 11,00 m   2)   ≈ 2,68 m

3) a.   ≈ 55,2 cm   b.   3.047,04 cm²

4) Seite ≈ 51 cm;   A ≈ 2.600 cm²

5) 2,30 m + 0.60 m = 2,90 m

6) 1,20 m

24

14.7. Kreis (Seite 99)

1)

	a)	b)	c)	d)
d	13,2 cm	4,20 m	20 dm	2,02 m
r	6,6 cm	2,10 m	10 dm	1,01m
A	136,85 cm²	13,85 m²	314,16 dm²	3,211 m²
u	41,47 cm	13,19 m	62,83 dm	635,2 cm

2) $A = 3,14 \text{ m}^2$ $u = 6,28 \text{ m} + 0,02 \text{ m} = 6,30 \text{ m}$

3) $A = 22? \cdot \pi = 1.520,53 \text{ cm}? \cdot 5$ Hocker $= 7.602,65 \text{ cm}^2$

4) $A_{Platte} = 3.600 \text{ cm}^2$; $A_{Kreis} = 706,86 \cdot 4 = 2.827,44 \text{ cm}^2$
Verschnitt: $3.600 \text{ cm}^2 - 2.827,44 \text{ cm}^2 = 772,56 \text{ cm}^2 = 21,46 \%$

5) $226,2 \text{ cm}^2$

6) kleines Symbol: $5.026,55 \text{ cm}^2$ schwarz; $1.373,45 \text{ cm}^2$ weiß
großes Symbol: $1,767 \text{ m}^2$ schwarz; $0,483 \text{ m}^2$ weiß

7) $A_{Dreieck} = 1,732 \text{ m}^2$; $A_{Kreis} = 1,046 \text{ m}^2$;
blaue Fläche: $1,732 \text{ m}^2 - 1,046 \text{ m}^2 = 0,686 \text{ m}^2$

8) $A_{Rechteck} = 203,03 \text{ m}^2$; $A_{Säule} = 0,442 \text{ m}^2 \cdot 2 = 0,884 \text{ m}^2$;
zu streichende Fläche: $203,03 \text{ m}^2 - 0,884 \text{ m}^2 = 202,15 \text{ m}^2$

14.8. Kreisring, -abschnitt, -ausschnitt (Seite 102)

1) $A = (R^2 - r^2) \cdot \pi = (30^2 - 15^2) \cdot \pi = 2.120,58 \text{ cm}^2$

2) $d = \dfrac{b \cdot 360}{\pi \cdot \alpha} = \dfrac{188 \cdot 360}{\pi \cdot 24} = 897,6 \text{ mm}$;

$r = 897,6 \text{ mm} : 2 = 448,8 \text{ mm}$;

$A = \dfrac{b \cdot r}{2} = \dfrac{188 \cdot 448,8}{2} = 42.187,2 \text{ mm}? = 421,87 \text{ cm}?$

$u = 2 \cdot r + b = 2 \cdot 448,8 + 188 = 1.085,6 \text{ mm} \,¡Ö\, 108,6 \text{ cm}$

3) großer weißer Kreis: $A = 5.026,548 \text{ cm}^2$
grauer Kreis: $A = 2.827,433 \text{ cm}^2$
kleiner weißer Kreis: $A = 314,159 \text{ cm}^2$
dunkler Anteil des Signets: $2827,433 - 314,159 = 2.513,27 \text{ cm}^2$
weißer Anteil des Signets: $5026,548 - 2513,274 = 2.513,27 \text{ cm}^2$

4) $A = (2,55? - 1,4?) \cdot \pi = 14,271 \, m? - 1,15 \, m? (\text{Lücke}) = 13,121 \, m?$

je Farbe: $13,121 \, m^2 : 2 = 6,561 \, m^2 \cdot 0,24 \, kg = 1,575 \, kg$

5) $1.717,666 \, cm^2 \cdot 2 + 2.916 \, cm^2 - 1.145,111 \, cm^2 = 5.206,221 \, cm^2$

$5.206,221 \cdot 3 = 15.6.18,663 \, cm^2 = 1,562 \, m^2$

7) $A \approx s \cdot \dfrac{2}{3} \cdot h = 1,20 \cdot \dfrac{2}{3} \cdot 0,42 = 0,336 \, m?$

$A = \dfrac{r? \cdot \partial \cdot á}{360} = \dfrac{33^2 \cdot \partial \cdot 20}{360} = 190,066 \cdot 7 = 1.330,5 \, cm?$

$4690,5 \, cm^2 : 623,7 \, cm^2 = 7,52 \approx 8 \, \text{Blatt}$

$8 \, \text{Blatt} \cdot 2,45 \, € = 19,60 \, €$

14.9. Ellipse (Seite 104)

1) gr. Flügel: $A = (0,3 \cdot 0,2) \cdot \pi = 0,1885 \, m? \cdot 2 \, \text{Flüg.} = 0,3770 \, m?$
    kl. Flügel: $A = (0,225 \cdot 0,15) \cdot \pi = 0,1060 \, m? \cdot 2 \, \text{Flüg.} = 0,2120 \, m?$
    Rumpf: $A = (0,2 \cdot 0,075) \cdot \pi = 0,0471 \, m?$
    Kopf: $A = 0,055? \cdot \pi = 0,0095 \, m?$
    insgesamt: $(0,377 + 0,212 + 0,0471 + 0,0095) \cdot 24 \approx 15,494 \, m^2$

2) Körper: $A = (1,3 \cdot 0,925) \cdot \pi = 3,778 \, m?$
    Beine: $A = (0,34 \cdot 0,275) \cdot \pi = 0,294 \, m? \cdot 4 = 1,176 \, m?$
    Kopf: $A = (0,7 \cdot 0,65) \cdot \pi = 1,429 \, m?$
    Maul: $A = (0,975 \cdot 0,535) \cdot \pi = 1,639 \, m?$
    Ohren: $A = 0,18? \cdot \pi = 0,102 \, m? \cdot 2 = 0,204 \, m?$
    Schwanz: $A = (0,175 \cdot 0,11) \cdot \pi = 0,060 \, m?$
    insgesamt: $3,778 + 1,176 + 1,429 + 1,639 + 0,204 + 0,060$
    $\approx 8,29 \, m^2$

3) $u = \left(\dfrac{2,60}{2} + \dfrac{1,15}{2} \right) \cdot \pi = 5,89 \, m \cdot 10 = 58,90 \, m$
    insgesamt: $58,90 + 2 \cdot 7,75 + 10,75 = 85,15 \, m$

14.10. Zusammengesetzte Flächen (Seite 107)

1) a. $A \approx 2,74$ m²   b. $4,33$ m²   c. $6,08$ m

2) $S = 6,1875$ m²; $A = 6,75$ m²; $L = 3,9375$ m²; $E = 5,625$ m²
insgesamt: 22,5 m²

3) link. Segel: 570 cm²   recht. Segel: 513 cm²
Mast: 120 cm²   Rumpf: 750 cm²
insgesamt: 1.953 cm²

4) unteres Trapez: 852,5 cm²;   mittleres Trapez: 2.295 cm²
oberes Trapez: 1.488 cm²;   Spitze: 634,5 cm²
insgesamt: 5270 cm² = 0,527 m²
   a. 12 Bäume : 3 Bäume/Platte = 4 Platten
       2,05 m x 2,60 m • 4 Platten • 30,90 €/m² = 658,79 €
       (Bei optimaler Ausnutzung können 6 Bäume aus einer
       Platte ausgesägt werden. 2 Platten kosten 329,39 €.)
   b. Platte = 5,33 m²
       Verschnitt bei 4 Platten: 14,996 m² = 70,34 %
       Verschnitt bei 2 Platten: 4,336 m² = 40,68 %
   c. 5.270 cm² • 2 Seiten • 12 Bäume = 126.480 cm²

5) untere Etage: 28,29 m² - 5,04 m² (2 Fenster) = 23,25 m²
obere Etage: 16,80 m² - 2,10 m² (1 Fenster) = 14,70 m²
Dach: =   4,34 m²
insgesamt: 42,29 m²
   a. $\approx 7,62$ l   b. $\approx 12,03$ l

6) Rumpf: 0,9408 m²;   link. Aufbau: 0,1638 m²
2 Schlote: 0,096 m²   recht. Aufbau mit Dach: 0,229 m²
insgesamt: $\approx 1,43$ m² • 2 Seiten = 2,86 m²

7) 12 Dreiecke:
$A = \dfrac{0,30 \cdot 0,26}{2}$ • 12 = 0,468 m?• 2 Seiten • 30 Sterne = 28,08 m?
28,08 m² + 20 % = 33,696 m² • 1,59 € $\approx$ 53,58 €

8) 6 gleichseitige Dreiecke: 5,304 m² • 6 $\approx$ 31,83 m²
6 Seiten: 0,525 m² • 6 = 3,15 m²
insgesamt: 34,98 m² $\approx$ 35 m²

9) Tüte: Höhe = 110 cm;   A = 3.300 cm²
Halbkugel: A = 1.413,7 cm²
insgesamt: 4.713,7 cm²

27

15 Körper (Seite 111)

15.1. Quader (Seite 111)

1)

	a)	b)	c)	d)	e)
Länge a	30 cm	3,5 dm	1,60 m	0,35dm	65,8 cm
Breite b	20 cm	3,1 dm	1,10 m	120 cm	98 cm
Höhe c	15 cm	2,0 dm	0,80 m	5 dm	65,7 cm
Volumen	9 dm³	21,7 dm³	1,408 m³	21 hl	423,7 dm³
Oberfläche	27 dm²	48,1 dm²	7,84 m²	131,9 dm²	344,2 dm²

2) M = 34,02 m² • 6 Säulen = 204,12 m² • 0,36 l/m² ≈ 73,5 l

3) V = 68,25 m³ : 2,5 m³ = 27,3 ≈ 28 Lkw-Fahrten

4) Falzung üb. Länge: 21,5 • 21,5 • 61 = 28.197,25 cm² ≈ 28,2 dm³
Falzung üb. Breite: 15,25 • 15,25 • 86 = 20.000,38 cm³ ≈ 20 dm³

5) V = 336 m³ : 15 m³/Pers. = 22,4 ≈ 22 Personen

6) 12,40 m + 10 % = 13,64 m

7) V = 50 m³ = 500 hl : 1,5 hl/min = 333,33.. min ≈ 5 h 33 min

8) (0,018 + 0,75 + 0,018) • 4 • 4,50 = 14,148 m² je Säule
14,148 m² • 6 Säulen = 84,888 ≈ 84,9 m²

15.2. Würfel (Seite 114)

1) V = 64.000 cm³ = 64 l; 500 l : 64 l = 7,8125 ≈ 8 Kartons

2) a. 27 dm³/Würfel • 3 Würfel = 81 dm³ Styropor
b. 54 dm²/Würfel • 3 Würfel = 162 dm² Folie

3) a. Holzwürfel: 0,51 : 0,525 • 4,2 kg = 4,08 kg
Styropor: 0,015 : 0,525 • 4,2 kg = 0,12 kg

b. Volumen: 4.080 g : 0,51 g/cm³ = 8.000 cm³;
Kantenlängen: $\sqrt[3]{8000 \text{ cm}?} = 20$ cm

4) 2,5 m² : 10 (beklebte) Seiten = 0,25 m²/Seite;
$\sqrt{0,25 \text{ m}?} = 0,50$m Kantenlänge; Volumen = 0,125 m³

28

5)   Länge: 14 Stück; Breite: 4 Stück; Höhe: 4 Stück
     je Ladung: 14 • 4 • 4 = 224 Sück; damit 1 Fahrt

6) O_1 = 6 • 32?= 6.144 cm?; O_2 = 18.150 cm²; O_3 = 36.504 cm²
     insgesamt: 60.798 cm² ≈ 6,08 m²

7) $V = \dfrac{2,88 \cdot 1m?}{45}$ = 0,064 m?= 64.000 cm?;

     Kantenlängen: $\sqrt[3]{64000}$ = 40 cm

8)   Würfelnetze = B, E, F, G, H, K, L

15.3. Prisma (Seite 117)

1)

Dreieckseite (c)	64 cm	14 dm	10 cm	2,20 m
Höhe auf c (h_c)	55,43 cm	12,12 dm	8,66 cm	1,04 m
Prismenhöhe (h)	90 cm	30 dm	25 cm	2,50 m
Rauminhalt (V)	≈159,64 dm³	2.545,2 dm³	1.082,5 cm³	2,86 m³

2)   Seiten: 5,6 m² • 2 = 11,20 m²; unten: 32 m²;
     oben: 32,49 m²; Rückseite: 5,60 m²; insgesamt:≈ 81,30 m²

3)   V = 252.000 cm³ = 0,252 m³;   O = 2,42 m²

4)   24,513 m²/Zelt • 3 = 73,54 m²

5)   V = 4,11 m³;   M + Deckfläche: 12,85 m²

15.4. Zylinder (Seite 120)

1)   M = 8,9535... ≈ 9 m²

2)   V = 0,6809... m³ ≈ 681 l

3)   d = 54 cm;   V = 114,511 dm³;   Gewicht = 5,726 kg

4)   V = 25.861,6 cm³ ≈ 25,9 l;   5,3 m² • 25 = 132,5 m²
     132,5 m² • 0,175 l = 23.1875 l;   Der Kleister reicht.

5) Unterteil: 3,255 m²;   Deckel: 2,199 m²;
   insgesamt: 5,454 m²

6) M = 12,755 m²

15.5. Pyramide (Seite 122)

1) $O = \dfrac{4,80 \cdot 1,71}{2} + 1,20? = 5,544$ m?

2) $V = \dfrac{1}{3} \cdot 35 \cdot 20 \cdot 60 = 14.000$ cm? $= 14$ dm?

3) M = 8,96 m²

4) M = 0,65775 ≈ 0,66 m²/Pyramide · 3 = 1,98 m²

5) a. M = 17,34 m²;   b. V = 7,321 m³

15.6. Pyramidenstumpf (Seite 124)

1) $O = 1,50^2 + 1,00^2 + \dfrac{4+6}{2} \cdot 0,84 = 7,45$ m?

2) M = 1 4,4 m²

3) $V_{Quader} = 8.000$ cm³; $V_{Pyr.-Stumpf} = 6.860$ cm³
   Abfall pro Standfuß: 1.140 cm² ≈ 14,3 %

4) a. 90.653,33 cm³ ≈ 90,653 dm³ · 8 ≈ 725,227 dm³
   b. 12.553 cm² · 8 = 100.424 cm² ≈ 10,04 m²

15.7. Kegel (Seite 126)

1) a. V = 36.007,8878 cm³ ≈ 36.008 cm³ ≈ 36 dm³
   b. O = 6.643,9435.. cm² + 22 % ≈ 8.105,6 cm²

2) a. M = 2.922,466 ≈ 2.922,5 cm²
   b. V = 14.384,135... ≈ 14.384 cm³

3) $d = \sqrt{\dfrac{32 \cdot 3}{2 \cdot \partial}} \cdot 2$ ¡Ö7,82 m ;   u = 24,567 ≈ 24,57 m

15.8. Kegelstumpf (Seite 128)

1) $M = \partial s \cdot (r_1 + r_2) = \partial \cdot 49{,}24 \cdot (40 + 20) = 9.281{,}5223.. \text{ cm}?$
$A = r^2 \cdot \pi = 20^2 \cdot \pi = 1.256{,}637... \text{ cm}^2$
insgesamt: $\approx 10.538{,}2 \text{ cm}^2$

2) $V = \dfrac{\partial \cdot h}{3} \cdot (r_1? + r_1 r_2 + r_2?) = \dfrac{\partial \cdot 19}{3} \cdot (10{,}5? + 10{,}5 \cdot 9{,}5 + 9{,}5?)$
$= 5.974 \text{ cm}^3 \approx 6 \text{ l};$ $6 \text{ l} : 0{,}125 \text{ l/m}^2 = 48 \text{ m}^2$

3) $V = 80.435{,}24... \text{ cm}^3 \approx 80 \text{ l/Kübel}$
$80 \text{ l} \cdot 10 \text{ Kübel} = 800 \text{ l} : 25 \text{ l/Sack} = 32$ Sack Blumenerde

4) $M = 5.525{,}2076.. \text{ cm}^2 + \text{Boden} = 706{,}8583 \text{ cm}^2$
insgesamt: $\approx 6.232{,}1 \text{ cm}^2 \approx 0{,}623 \text{ m}^2$

5) $M = 5.460{,}84 \text{ cm}^2 \approx 0{,}55 \text{ m}^2$

6) a. $V = 0{,}634 \text{ m}^3 \cdot 5 \text{ Elemente} = 3{,}17 \text{ m}^2$
b. $O = 4{,}377 \text{ m}^2 \cdot 5 \text{ Elemente} = 21{,}885 \text{ m}^2$
c. $22 \text{ m}^2 : 1{,}40 \text{ m} = 15{,}7 \approx 16 \text{ lfd. m} \cdot 5{,}79 \text{ €} = 92{,}64 \text{ €}$

7) $V \approx 14{,}3 \text{ l}$
1 l reicht für 7 m^2; $14{,}3 \text{ l} \cdot 7 \text{ m}^2 = 100{,}1 \text{ m}^2 \approx 100 \text{ m}^2$

15.9. Kugel (Seite 130)

1) $V \approx 7.238{,}2 \text{ cm}^3$; $O \approx 1.809{,}6 \text{ cm}^2$

2) $V \approx 91{,}95 \text{ dm}^3 \cdot 3 \text{ Kugeln} = 275{,}85 \text{ dm}^3$
$O \approx 9.852 \text{ cm}^2 \cdot 3 \text{ Kugeln} = 29.556 \text{ cm}^2$

3) $O = 314{,}2 \text{ cm}^2$
$V = 523{,}6 \text{ cm}^3$;
Gewicht: $523{,}6 \text{ cm}^3 \cdot 0{,}80 \text{ g/cm}^3 \cdot 8 \text{ Kugeln}$
$= 3.351{,}04 \text{ g} \approx 3{,}350 \text{ kg}$

4) bei 90 cm Durchmesser: $V = 381{,}7035... \text{ dm}^3$
davon minus $1/3$: $254{,}469 \text{ dm}^3$
$d = \sqrt[3]{\dfrac{254{,}469 \cdot 6}{\partial}} = 7{,}86 \text{ dm} = 78{,}6 \text{ cm}$

15. Zeichnerische Darstellungen (Seite 132)

1)

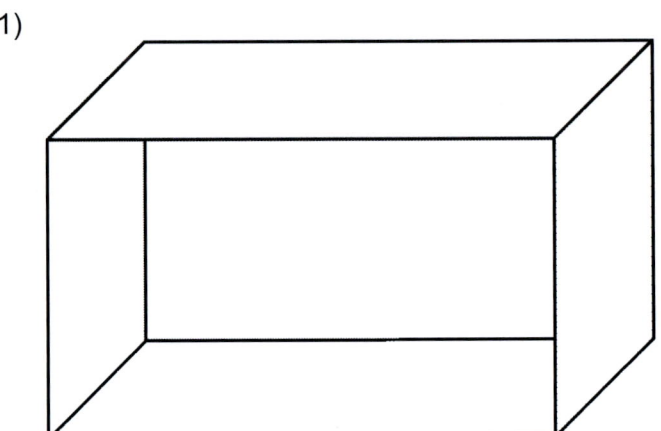

2)

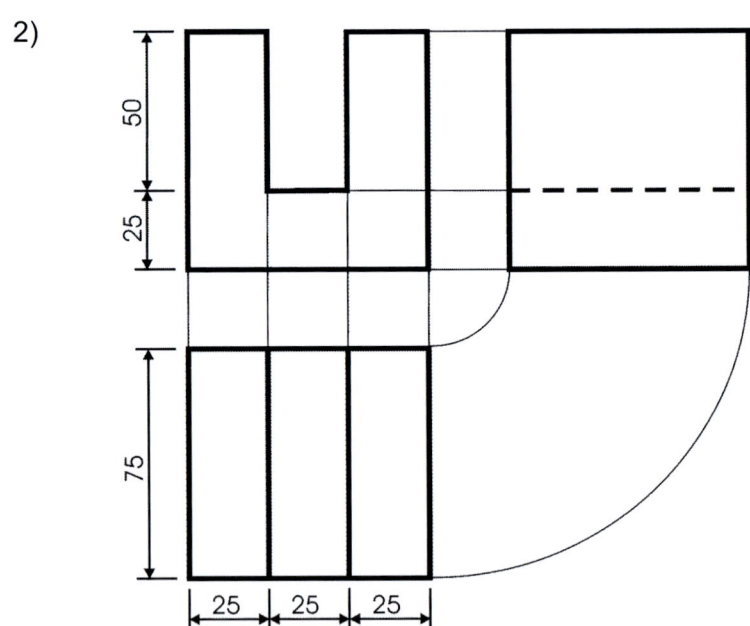

3)

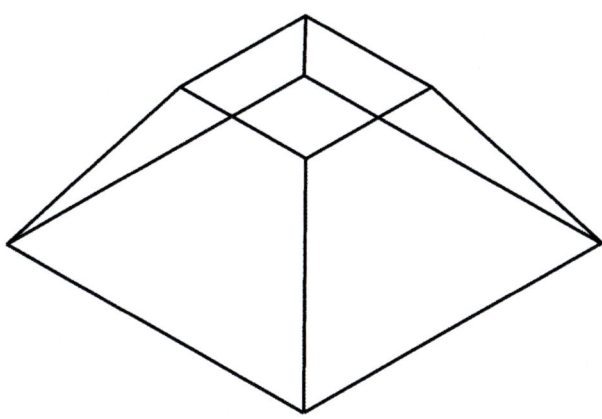

17. Material für Wandverkleidung (Seite 137)

17.1. Tapeten als Wandverkleidung (Seite 137)

1) a. Bahnlänge: 3,36 m   b. Anzahl der Bahnen: 19 Bahnen
   c. 3 Bahnen/Rolle   d. 7 Rollen Tapete

2) Bahnlänge: 2,05 m;   23 Bahnen;   4 Bahnen/Rolle
   Anzahl der benötigten Rollen: 6 Rollen

3) Bahnlänge: 2,97 m;   10 Bahnen;   3 Bahnen/Rolle
   Anzahl der benötigten Rollen: 4 Rollen

4) Bahnlänge: 3,60 m;   14 Bahnen/Fenster • 12 = 168 Bahnen;
   34 Bahnen/Rolle;   Anzahl der benötigten Rollen: 5 Rollen
   5 Rollen • 30,95 € = 154,75 € - 12 % Rabatt = 136,19 €

17.2. Klebstoffverbrauch beim Tapezieren (Seite 141)

1) 7,4 l

2) ≈ 375 Rollen

3) Beim Mischungsverhältnis 1:20 reicht 200-g-Packung für 25 m².
   500-g-Packung deshalb 62,5 m²;
   Großrolle: 125 m x 0,75 m = 93,75 m² • 10 Rollen = 937,5 m²
   937,5 m² : 62,5 m² = 15 Packungen Kleister

17.3. Textiler Stoff als Wandbespannung (Seite 143)

1) (12 m + 4 m + 12 m) • 2,5 = 70 lfd. m Stoff
   2 Rollen á 30 m + 10 m Meterware.
   2 Rollen • 125,70 € = 251,40 €;   10 m • 4,49 € = 44,90 €
   insgesamt: 296,30 € + 19 % MwSt. = 352,60 €

2) a. Bahnlänge: 2,85 m;
   b. 7 Bahnen je Seitenwand und 9 Bahnen für die Rückwand
   c. 23 Bahnen • 2,85 m = 65,55 lfd. m
   d. 65,55 m • 7,69 € = 504,08 € (netto)

3) a. Bahnlänge: 4,70 m; Bahnen: je Seite 13 und hinten 17
   insgesamt: 43 Bahnen • 4,70 m = 202,10 lfd. m
   b. 29 m • 4,15 € + 173,10 m • 3,74 € = 767,74 €

34

18. Elektrische Energie (Seite 146)
18.1. Elektrische Leistung und Stromkosten (Seite 146)

1) 2000 Watt • 8 h • 5 d • 18,8 ct je kW/h = 15,04 €

2) 60 Watt/Lampe Einsparung • 10 Lampen • 5 h • 254 d • 16,9 ct
   jährliche Einsparung = 128,78 €

3) a. 3.660 kW/h monatlich
   b. 439,20 €

4) a. (550 + 260 + 400 + 40 + 600) • 7,5 h • 21 d = 291,375 kW/h
   b. 48,08 €

5) 287,91 €

6) 125 h

18.2. Schaufensterbeleuchtung (Seite 148)

1) Entsprechend der Lage des Schaufensters gehen wir von einer
   Beleuchtungsstärke von ca. 1.000 lx aus.
   1.000 lx • 12 m² = 12.000 lm;
   12.000 lm : 1.000 lm/Lampe = 12 Lampen

2) 1.200 lx • 16 m² = 19.200 lm
   19.200 lm : 3.500 lm = 5,4857.... ≈ 6 Lampen
   Vitrine: 3 • 1.340 lm = 4.020 lm; 4.020 lm : 5 m² = 804 lx

3) a. 800 lx • 18 m² = 14.400 lm
      14.400 lm : 4.800 lm = 3 Lampen/Fenster
   b. 3 L. • 55 Watt • 11 h • 30 d • 12 Fenster • 14,9 ct = 97,36 €

19. Kalkulation (Seite 151)
19.1. Bezugskalkulation (Seite 151)

1)

(Angaben in EUR)	Lieferant A	Lieferant B
Einkaufspreis (Listenpreis)	389,00	442,00
– Liefererrabatt	70,02	132,60
= Zieleinkaufspreis	318,98	309,40
– Liefererskonto	12,76	6,19
= Bareinkaufspreis	306,22	303,21
+ Bezugskosten	27,90	24,90
= Einstandspreis	334,12	328,11

2)

Einkaufspreis (Listenpreis)	818,00
– Liefererrabatt	122,70
= Zieleinkaufspreis	695,30
– Liefererskonto	13,91
= Bareinkaufspreis	681,39
+ Bezugskosten	20,00
= Einstandspreis	701,39

3)

	Angebot A	Angebot B	Angebot C
Listenpreis	580,00	610,00	590,00
Rabatt	46,40	54,90	44,25
Skonto	8,00		10,92
Bezugskosten	12,00		7,00
Einstandspreis	537,60	555,10	541,83

4) Mietdauer: 5 $\frac{1}{2}$ h; 15 + 4,50 + 3,50 +2,75 + 3 • 2,25 = 32,50 €

5)

	Lieferant A	Lieferant B	Lieferant C
Listeneinkaufspreis	699,00	650,00	670,00
- Liefererrabatt	153,78	130,00	100,50
Zieleinkaufspreis	545,22	520,00	569,50
- Liefererskonto	10,90		17,09
Bareinkaufspreis	534,32	520,00	552,41
+ Fracht	40,00	45,00	20,00
+ Verpackung	20,00		30,00
+ Versicherung	20,00	40,00	15,00
Einstandspreis (ges.)	614,32	605,00	617,41
Einstandspreis (Stck.)	≈6,14	6,05	≈ 6,17

6) 540,00 € (Listenpr.) - 97,20 € (L.-Rabatt) = 442,80 € (Zieleinkauf)
    - 11,07 € (L.-Skonto) = 431,73 € (Bareinkauf) + 25,50 € (Bezug)
    = 457,23 € (Einstandspreis)

7) Lieferer A: 237,79 € (LP) - 11,89 € (Rab.) + 24,00 € (Bez.-K.)
    = 249,90 € (Bezugspreis)
    Lieferer B: 282,94 € (LP) - 42,44 € (Rab.) = 240,50 € (Bez.-Preis)

8) 14,5 m² • 2 Seiten • 15 Tafeln • 0,2 l = 87 l : 12,5 l = 6,96
    ≈ 7 Gebinde • 35,00 € = 245,00 € (Listenpreis)
    245,00 € - 36,75 € (L.-Rab.) = 208,25 € - 6,25 € (L.-Skonto)
    = 202,00 € (Bezugspreis)

36

19.2. Zuschlagskalkulation (Seite 155)

1)

Fertigungsmaterial		1.500,00
+ Materialgemeinkosten	10%	150,00
= Materialkosten		1.650,00
+ Fertigungseinzelkosten		625,00
= Fertigungsgemeinkosten	95%	593,75
= Fertigungskosten		1.218,75
= Herstellkosten (MK + FK)		2.868,75
+ Verwaltungsgemeinkosten	20%	573,75
+ Vertriebsgemeinkosten	5%	143,44
= Selbstkosten		3.585,94

2) Summe d. Kosten = 440.000,- € + 70.000,- € (geplanter) Gewinn
= 510.000,- € Rohertrag (= 40 % vom Umsatz)
Umsatz = 1.785.000,- €

3) Selbstkosten: Unternehmerlohn: 7.500,00 €
             3 Mitarbeiter je 1.800,- €   5.400,00 €
             Verwaltungs-, Betriebskosten 8.400,00 €
             Miete: 110 m² • 40,- €   4.400,00 €
beabsichtigter Gewinn: 5.000,00 €
                                                       30.700,00 €

Bei einem Kalkulationszuschlag von 100 % wäre ein monatlicher
Mindestumsatz von 61.400,- € erforderlich. Eine Reduzierung der
Mietkosten (max. 75 - 85 m²) ist dringend notwendig.

Die Lösungen der Aufgaben 4 und 5 befinden sich auf den nächsten
Seiten.

37

4) Stoff: 3,20 m • 8 Bahnen = 25,6 lfd. m • 9,90 €   = 253,44 €
   Leisten: 64 m + 10 % = 70,40 m : 2,40 m/Leiste
           = 29,333... Leisten ≈ 30 Leisten • 1,31 € =   39,30 €
   Kleinmaterial: =   24,95 €
   Materialkosten: 253,44 € + 39,30 € + 24,95 €   = 317,69 €
   Lohnkosten: Geselle   12 h • 21,50 €   = 258,00 €
                 Azubi   12 h • 7,40 €   =   88,80 €
   Lohnkosten (insgesamt):   = 346,80 €

			Vorkalkulation
Fertigungsmaterial			317,69 €
+ Materialgemeinkosten	v.H.	23%	73,07 €
= Materialkosten (MK)			390,76 €
+ Fertigungseinzelkosten			346,80 €
= Fertigungsgemeinkosten	v.H.	165%	572,22 €
= Fertigungskosten (FK)			919,02 €
= Herstellkosten (MK + FK)			1.309,78 €
+ Verwaltungsgemeinkosten	v.H.	18%	235,76 €
= Selbstkosten			1.545,54 €
+ Gewinnzuschlag	v.H.	10%	154,55 €
= Barverkaufspreis			1.700,09 €
+ Kundenskonto	i.H.	4%	70,84 €
= Angebotspreis (netto)			1.770,93 €
+ Umsatzsteuer	v.H.	19%	336,48 €
= Bruttokosten			2.107,41 €

5) Materialkosten:

Dekorationsstoff	85 m • 4,29 €	=	364,65 €
Holzleisten	60 m • 0,92 €	=	55,20 €
Borte	33 m • 1,35 €	=	44,55 €
Kleinmaterial		=	27,00 €
Bodenbelag	22 m² • 22,10 €	=	486,20 €
Übergangsschienen	6 m • 12,40 €	=	74,40 €
Klebeband	2 Rollen • 4,20 €	=	8,40 €
Sockelleistenband	1 Rolle	=	7,55 €
Sockelleisten	14 m • 4,69 €	=	62,66 €
Leihgebühren:			
Pult	1 Stück	=	140,00 €
Sessel	4 Stück • 24,00 €	=	96,00 €
Tisch	1 Stück	=	32,00 €
Prospektständer	2 Stück • 42,00 €	=	84,00 €
Garderobenständer	1 Stück	=	20,00 €
Halogenfluter	3 Stück • 32,00 €	=	96,00 €
Stromanschluss		=	138,00 €
Wasseranschluss		=	370,00 €

Materialkosten (insgesamt): 2.106,61 €

Lohnkosten:

Wände:	2 Mitarb. •	12 h • 23,60 €	=	566,40 €
Boden:	Geselle	4 h • 21,40 €	=	85,60 €
	Azubi	4 h • 7,40 €	=	29,60 €
Standbau:	Meister	4 h • 34,60 €	=	138,40 €
	Geselle	6 h • 21,40 €	=	128,40 €
	Azubi	4 h • 7,40 €	=	29,60 €
vorbereitendes Gespräch, Entwurf etc.			=	500,00 €

Lohnkosten (insgesamt): 1.478,00 €

			Vorkalkulation
Materialkosten (MK)			2.106,61 €
Fertigungskosten (FK)			1.478,00 €
= Herstellkosten (MK + FK)			3.584,61 €
+ Betriebsgemeinkosten	v.H.	65%	2.330,00 €
= Selbstkosten			5.914,61 €
+ Gewinn und Risiko	v.H.	15%	887,19 €
= Angebotspreis (netto)			6.801,80 €
+ Umsatzsteuer	v.H.	19%	1.292,34 €
= Bruttoangebot			8.094,14 €

Lösungsheft zum Buch
"Fachbezogene Mathematik für den Beruf
Gestalter/Gestalterin für visuelles Marketing"
ISBN 9 783839 172049

Books on Demand

www.bod.de

Regelmäßiges Vieleck 107
Reproduktionsberechnung 72
Rhombus 88
Rollenmaße Tapete 137
S

Schaufensterbeleuchtung 148
Schenkel 93
Sehne 102
Seitenansicht 135
Spannstoff 143
Strichrechnen 11
Stromkosten 146
Subtrahend 10
Subtraktion 10
Summand 8
Summe 8

T

Tapeten 137
Tapetenberechnung 137
Taschenrechner 26
Textile Stoffe 143
Trapez 90

U

Unechter Bruch 15

V

Verkapptes Spannen 143

Verteilungsrechnen 55
Verteilungsschlüssel 55
Vieleck 107
Vielsatz 33
Vogelperspektive 135
Volumen 23, 112 - 130
Vorderansicht 135
Vorlage 72

W

Wandbespannung 143
Watt 146
Winkel 93, 132
Würfel 114
Wurzel 20

Z

Zahlen 7
Zähler 15
Zeit 25
Zentralprojektion 124
Ziffern 7
Zinsen 45, 48
Zinslaufzeit 45, 46
Zinsrechnen 45
Zusammengesetzte Flächen 107
Zusammengesetzter Dreisatz 33
Zuschlagskalkulation 155
Zylinder 120